Schwarzbartl/Pyrcek

•

Compliance Management

Compliance Management

Ein Praxisleitfaden zur erfolgreichen Umsetzung

von

Martin Schwarzbartl
Andreas Pyrcek

Linde
international

Bibliografische Information der Deutschen Nationalbibliothek

Die Deutsche Nationalbibliothek verzeichnet diese Publikation in der Deutschen Nationalbibliografie; detaillierte bibliografische Daten sind im Internet über http://dnb.d-nb.de abrufbar.

ISBN 978-3-7143-0225-7

Es wird darauf verwiesen, dass alle Angaben in diesem Fachbuch trotz sorgfältiger Bearbeitung ohne Gewähr erfolgen und eine Haftung der Autoren oder des Verlages ausgeschlossen ist.

1210 Wien, Scheydgasse 24, Tel.: 01/24 630
www.lindeverlag.at

Druck: Hans Jentzsch u Co. Ges.m.b.H.
1210 Wien, Scheydgasse 31
1

Vorwort

In der Literatur finden sich bereits zahlreiche Publikationen, welche sich mit dem Thema Compliance auseinandersetzen. Was wir bisher jedoch vermisst haben, ist ein Buch, welches sich dem Thema strukturiert und praxisbezogen nähert und die damit verbundenen Herausforderungen anhand von Praxisbeispielen veranschaulicht. Aus diesem Grund wollten wir mit dem nun vorliegenden Werk einen Praxisleitfaden für die Implementierung eines Compliance-Management-Systems (kurz CMS) schaffen. Dabei haben wir versucht, unsere gewonnenen Erkenntnisse aus der Praxis in einem durchgängigen Werk zusammenzufassen und insbesondere auch auf Fallstricke und besondere Fragestellungen einzugehen. Es sei an dieser Stelle darauf hingewiesen, dass hier eine mögliche Herangehensweise zur erfolgreichen Konzeption und Implementierung eines CMS durchgängig dargestellt werden soll. Selbstredend gibt es noch unzählige andere Varianten zum erfolgreichen Umgang mit diesem Thema. Es wird und kann hier nicht der Anspruch auf Vollständigkeit gestellt werden, sondern wir empfehlen, auch weiterführende Literatur zu diesem Thema heranzuziehen. Dieses Werk nähert sich dem Thema Compliance insbesondere aus der betriebswirtschaftlichen Perspektive; rechtliche Aspekte werden zwar angesprochen, jedoch nicht bis ins letzte Detail vertieft.

Dieses Buch spiegelt ausschließlich die Meinungen der Autoren wider.

Wien und Düsseldorf, August 2012

Martin Schwarzbartl/
Andreas Pyrcek

Inhaltsverzeichnis

Abkürzungsverzeichnis

ACL	Audit Command Language
AktG	Aktiengesetz
bzw.	beziehungsweise
CFE	Certified Fraud Examiner
CMS	Compliance-Management-System
CO	Compliance-Officer
CCO	Chief Compliance Officer
COSO	Committee of Sponsoring Organisation of Treadway Commission
DCGK	Deutscher Corporate Governance Kodex
DIIR	Deutsches Institut für Interne Revision e.V.
d.h.	das heißt
EDV	elektronische Datenverarbeitung
etc.	et cetera
FCPA	Foreign Corrupt Practices Act
GesmbH	Gesellschaft mit beschränkter Haftung
GesmbHG	Gesetz über Gesellschaften mit beschränkter Haftung
ggfs.	gegebenenfalls
GRC	Governance, Risk, Control
HGB	Handelsgesetzbuch
Hrsg.	Herausgeber
IDW PS	Institut der Wirtschaftsprüfer in Deutschland e.V. Prüfungsstandard
IIA	Institute of Internal Auditors
IIR	Deutsches Institut für Interne Revision e.V.
IKS	Internes Kontrollsystem
insb.	insbesondere
IR	Interne Revision
IT	Information Technology
i.Z.m.	in Zusammenhang mit
RM	Risikomanagement
S.	Seite
sog.	Sogenannt/-e/-er/-es
u.a.	unter anderem
u.dgl.m.	und dergleichen mehr
UGB	Unternehmensgesetzbuch
u.v.m.	und viele(s) mehr
vgl.	vergleiche
z.B.	zum Beispiel

1. Corporate Compliance – Grundlagen

1.1. Definition und Grundlagen

Corporate (oder auch Criminal) Compliance ist in den letzten Jahren – insb. auf Basis von zahlreichen Unternehmensskandalen – vermehrt in den organisatorischen Fokus internationaler und nationaler Unternehmen gerückt. Rechtskonformes Verhalten, Sicherstellung von Integrität und die Vermittlung von Sicherheit lassen sich in heutiger Form nicht mehr von selbst darstellen und sicherstellen. Ebenso fördern Entwicklungen der nationalen und internationalen Gesetzgebungen, Standards und Normen die Komplexität der Systeme und – im Falle von strukturiertem Fehlverhalten – die mögliche Haftung von Unternehmensorganen. Demzufolge werden unternehmenseigene Management-Systeme zur Steuerung und Sicherstellung von rechtskonformem Verhalten, Ethik und Werten geschaffen – kurz: Compliance-Management-Systeme.

Hierbei sind die Definitionen des Begriffs Corporate oder Criminal Compliance in der Literatur sehr vielfältig. Doch im Kern ist diese Definition auf folgenden Mindestinhalt zu minimieren:

Unter Compliance ist die Einhaltung von Regeln zu verstehen (gesetzliche Bestimmungen und unternehmensinterne Richtlinien).[1]

Der Begriff Compliance hat hierbei schon eine lange Vergangenheit – auch wenn dies nicht immer mit betriebswirtschaftlich-juristischem Kontext in Verbindung zu bringen ist. Die erstmalige hauptsächliche Verwendung des Begriffs ist vielmehr aus der Medizin und Pharmazie ableitbar, aus der sich das therapiekonforme Verhalten eines Patienten ableiten lässt. Die sog. Verordnungstreue beschreibt hierbei die korrekte Befolgung von Ratschlägen, Untersuchungen und Behandlungen. Aus dieser Definition lassen sich auch die drei Grundpfeiler eines Compliance-Management-Systems (CMS) wie folgt ableiten:

- **Prävention** = Vermeidung von möglichen Krankheiten
  (durch vorbeugende Einnahme von pharmazeutischen Produkten zur Vermeidung von Krankheiten gemäß ärztl. Verordnung, Lebensstil etc.)
- **Detektion** = Identifikation von möglichen Krankheiten und deren Symptomen
  (anhand von Untersuchungen etc.)
- **Reaktion** = Aufklärung und Behandlung von möglichen Krankheiten
  (durch ärztliche Behandlung etc.)

Doch nicht nur in der Medizin wurde auf den Begriff Compliance verwiesen, sondern u.a. auch in der US-Exportkontrolle während des Kalten Kriegs, dem angloamerikanischen Bankenwesen sowie in der Prävention von Kartellverstößen wurde frühzeitig der Begriff der Compliance sinngemäß verwendet.[2]

1 *Institut der Wirtschaftsprüfer*, IDW PS 980, Tz. 5.
2 Vgl. *Eufinger, Alexander* (2012), S. 21 f.

Dabei sind Compliance und Compliance-Management per se keine neu geschaffenen Funktionen in einem Unternehmen. Auch vor der Schaffung sogenannter Integritäts-, Compliance- oder Ethik-Verantwortlicher wurden Funktionen, Prozesse und Kontrollen etabliert, welche die Sicherstellung rechtskonformen Verhaltens ermöglichen sollten. Erst aufgrund der großen Unternehmensskandale der jüngsten Vergangenheit wurden strukturelle Organisationen und Systeme etabliert, die ein gesamthaftes Integritäts- und Wertemanagement in einem Unternehmen gewährleisten sollen.

Aus dieser Perspektive wäre es somit falsch, zu folgern, dass Compliance-Funktionen etwas gänzlich Neues in einem Unternehmen darstellen – vielmehr ist Compliance und Compliance-Management nur der Prozess, der es erlaubt, diese spezifischen Risiken strukturiert im Rahmen eines Compliance-Management-Systems zu identifizieren, darauf zu reagieren, diese zu mitigieren und in weiterer Folge zu steuern und zu überwachen.

1.2. CMS-Rahmenkonzepte

Um ethisches Handeln im Unternehmen zu manifestieren, werden unternehmensspezifische Systeme, Prozesse und Kontrollen etabliert, welche präventiv, detektiv sowie reaktiv wirken sollen. Zur Ausgestaltung dieser Systeme existiert bereits eine Vielzahl an nationalen und internationalen Standards – auf wesentliche wird in diesem Kapitel eingegangen.

Unter einem Compliance-Management-System (CMS) sind die auf der Grundlage von festgelegten Zielen eingeführten Grundsätze sowie organisatorische und prozessuale Maßnahmen eines Unternehmens zu verstehen, die auf die Sicherstellung eines regelkonformen Verhaltens der gesetzlichen Vertreter und der Mitarbeiter des Unternehmens sowie ggf. von Dritten abzielen. Ziel ist die Einhaltung bestimmter Regeln und damit auch die Verhinderung von wesentlichen Rechtsverstößen. Das CMS zielt hierbei auf wesentliche Compliance-Risiken des Unternehmens ab.[3]

Das sog. Drei-Säulen-Modell der Compliance (oder auch Compliance-Haus) stellt ein Management-System dar, welches sich bei einer Vielzahl von nationalen und internationalen Unternehmen als gängiges Rahmenwerk zur Umsetzung von Compliance in einem Unternehmen durchgesetzt hat. Dieses orientiert sich an den Elementen der medizinisch-pharmazeutischen Definition:

3 Vgl. *Institut der Wirtschaftsprüfer*, IDW PS 980, Tz. 6.

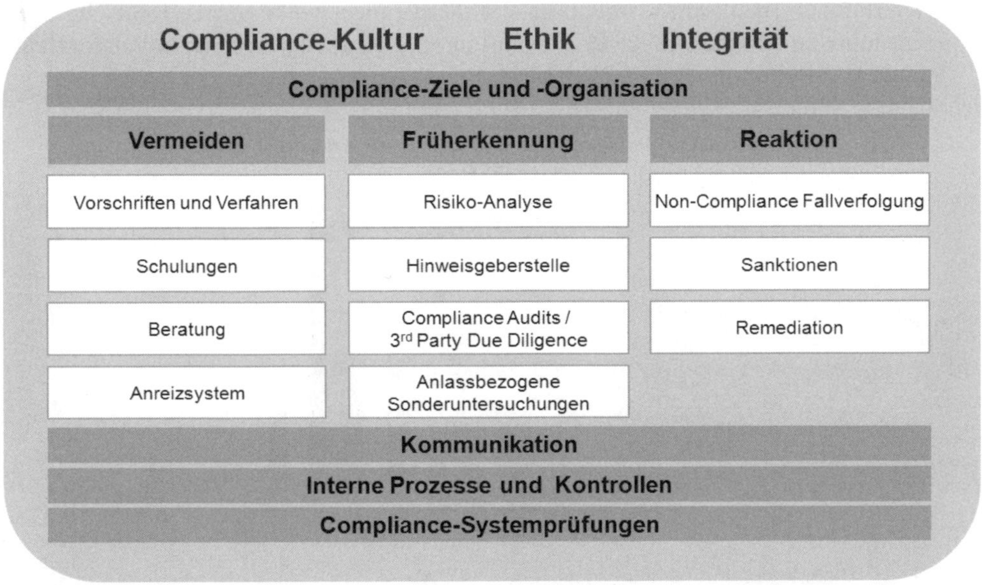

Abb. 1: Compliance-Haus

An dieser Stelle soll festgehalten werden, dass ein CMS ein System ist, welches zwar auf Best-Practice von nationalen und internationalen Unternehmen basieren kann, jedoch immer auf die eigene bestehende Unternehmenskultur und -organisation, Risikosituation etc. angepasst werden muss. Aus diesem Grunde können national und international entwickelte Rahmenkonzepte für Compliance und Ethik lediglich einen Orientierungsrahmen zur Ausgestaltung eines Compliance-Management-Systems bieten.

Einzelne internationale Standards nehmen in der Compliance-Branche jedoch gesonderten Status ein:

- **US Federal Sentencing Guidelines Manual – Chapter 8b** – Remedying harm from criminal conduct, and effective compliance and ethics program:[4]
  Das US Federal Sentencing Guidelines Manual (USSG) ist ein Grundelement zur Sanktionierung von unternehmerischem Fehlverhalten nach dem US Foreign Corrupt Practices Act (FCPA) – einer der global strengsten Anti-Korruptions-Gesetzgebungen mit multinationaler Relevanz. Der FCPA verbietet im Wesentlichen das Anbieten, Versprechen, Leisten, Genehmigen und/oder Gewähren von Vorteilen jeglicher Art („anything of value“) an einen ausländischen Amtsträger in der unredlichen Absicht, diesen zu beeinflussen, um geschäftliche oder sonstige unlautere Vorteile zu erlangen oder zu sichern. Zudem werden Falschaussagen in der Finanzberichterstattung oder im Jahresabschluss unter Strafe gestellt („accurate books and records“). Die Relevanz des Gesetzes erstreckt sich hier jedoch nicht ausschließlich auf US-Unternehmen.

[4] *United States Sentencing Commission* (2011), o. S.

Nach dieser Jurisdiktion wurden jüngst Unternehmen wie Siemens, Deutsche Telekom, Johnson & Johnson, KBR/Halliburton oder auch Panalpina zu hohen Strafzahlungen verurteilt.[5]

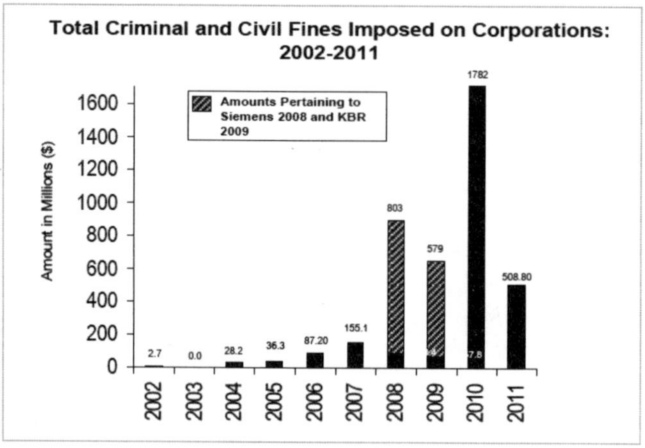

Abb. 2: Historie von Strafzahlungen nach dem FCPA[6]

Das US Federal Sentencing Guidelines Manual – insb. Chapter 8b („Remedying harm from criminal conduct, and effective compliance and ethics program“) – nimmt eine gesonderte Rolle ein. Dieses Kapitel der US-amerikanischen Gesetzgebung beschreibt die Grundelemente einer effektiven Compliance- und Ethik-Organisation eines Unternehmens. Im Rahmen der Strafbemessung und Sanktionierung nach einem FCPA-Verstoß wird ein sog. Culpability-Score ermittelt, über den das Ausmaß der Strafzahlung beziffert wird. Ein ausreichend gestaltetes Compliance System nach den USSG wirkt sich hierbei strafmildernd aus.

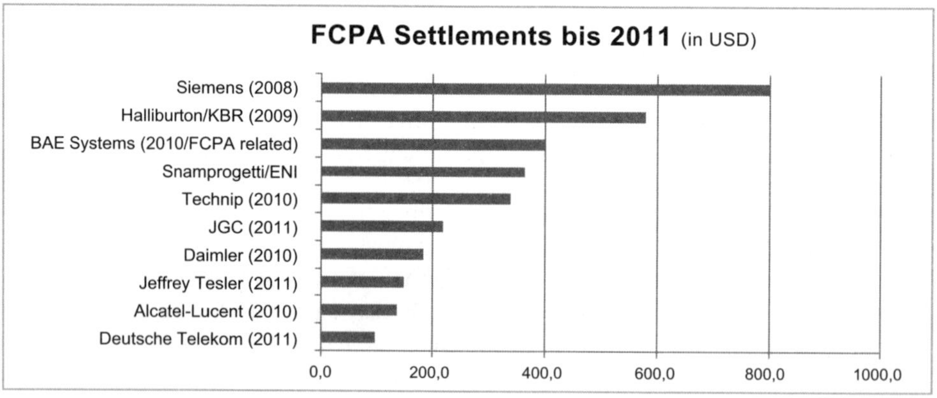

Abb. 3: Historie von TOP-FCPA Settlements bis 2011

---

5 Vgl. *Cassin, Richard L.* (2011), o. S.

6 Quelle: *Weissmann* (2012), o. S.

- **Australian Standard AS3806-2006 – Compliance Management**
  Der australische Standard AS3806-2006, 1998 durch Behörden, Compliance-/Ethik-Experten sowie Verbraucherschützern entwickelt, wurde erstmalig als lokale DIN-Norm in Kraft gesetzt. Somit gilt der Australian Standard als eines der ersten Rahmenwerke zur Ausgestaltung eines effektiven Compliance- und Ethik-Systems. Compliance wird hierbei in zwölf Grundprinzipien beschrieben, welche bei der Ausgestaltung des CMS berücksichtigt werden müssen:
  COMMITMENT
  - *Principle 1: Commitment by the governing body and top management to effective compliance that permeates the whole organization.*
  - *Principle 2: The compliance policy is aligned to the organization's strategy and business objectives, and is endorsed by the governing body.*
  - *Principle 3: Appropriate resources are allocated to develop, implement, maintain and improve the compliance program.*
  - *Principle 4: The objectives and strategy of the compliance program are endorsed by the governing body and top management.*
  - *Principle 5: Compliance obligations are identified and assessed.*

  IMPLEMENTATION
  - *Principle 6: Responsibility for compliant outcomes is clearly articulated and assigned.*
  - *Principle 7: Competence and training needs are identified and addressed to enable employees to fulfill their compliance obligations.*
  - *Principle 8: Behaviors that create and support compliance are encouraged and behaviors that compromise compliance are not tolerated.*
  - *Principle 9: Controls are in place to manage the identified compliance obligations and achieve desired behaviors.*

  MONITORING AND MEASURING
  - *Principle 10: Performance of the compliance program is monitored, measured and reported.*
  - *Principle 11: The organization is able to demonstrate its compliance program through both documentation and practice.*

  CONTINUAL IMPROVEMENT
  - *Principle 12: The compliance program is regularly reviewed and continually improved.*

  Compliance gliedert sich hierbei in das bestehende Risikomanagement eines Unternehmens ein. Für die Anwendung des Australian Standard existieren umfassende Materialien, die Unternehmen bei der Umsetzung unterstützen.[7, 8]

- **UK Bribery Act – Adequate procedures to prevent bribery**
  Im Jahr 2011 trat im Vereinigten Königreich der sog. UK Bribery Act in Kraft: Auf Basis des Korruptionsskandals von BAE Systems wurde eine Novellierung der Anti-Korruptionsgesetzgebung in Großbritannien angestrengt, welche in einem universel-

---

7 Vgl. *Standards Australia* (o.A.), o.S.
8 Vgl. *Hauschka* (2010), S. 22 ff.

len Dokument die Bestechung und Bestechlichkeit in einem nicht unerheblichen Maße sanktioniert. Die Wirkung des UK Bribery Act ist hierbei extraterritorial[9] – ebenso ist die Handlung nicht auf Amtsträger beschränkt, sondern umfasst auch den Privatsektor.

Aus Compliance-Gesichtspunkten spielen die „adequate procedures to prevent bribery" eine wesentliche Rolle[10]. Diese sollen im Rahmen eines Haftungsfalles die zuvor notwendigerweise wahrgenommene Verantwortung der Organe beschreiben. So kann es sich ggfs. strafmildernd auswirken, wenn eine Unternehmung ein effektives Compliance- und Ethik-System auf Basis der „Six Principles" des UK Bribery Act installiert hatte und es sich um ein Fehlverhalten eines Individuums handelt:

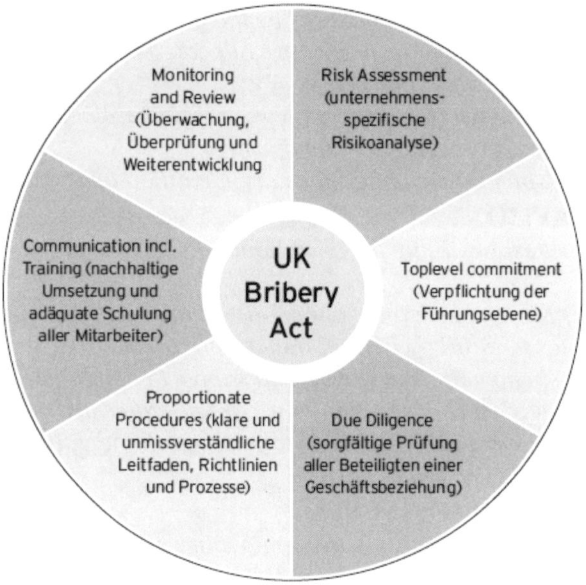

Abb. 4: Die sechs Prinzipien des UK Bribery Act[11]

- **IDW PS 980 – Grundsätze ordnungsmäßiger Prüfung von Compliance-Management-Systemen**

  Neben den oben angeführten Rahmenkonzepten wurde im Jahr 2011 durch das Institut der Wirtschaftsprüfer in Deutschland der erste Prüfungsstandard zur Prüfung von Compliance-Management-Systemen veröffentlicht (IDW PS 980). Dieser Prüfungsstandard definiert im Wesentlichen die Prüfungsarten, -tiefen und die allgemeine Vorgehensweise, die ein Wirtschaftsprüfer bei der Beurteilung eines Compliance-

9 Dies bedeutet, dass die Strafverfolgung unabhängig vom Ort der Straftat erfolgen kann. So kann bei einem Unternehmen mit sog. „demonstrable business presence in the UK" ein Verfahren eingeleitet werden, wenn der Korruptionssachverhalt in einem Drittland stattgefunden hat. Für Weiteres vgl. *Ernst & Young*, Der UK Bribery Act.

10 The Bribery Act 2010 – Guidance (2011), 2 ff.

11 Quelle: *Ernst & Young*, Der UK Bribery Act (2011), S. 2.

Management-Systems als Maßstab haben soll. Die Vorgehensweise einer CMS-Prüfung wird in dem Kapitel „Compliance-Prüfungen“ tiefer gehend beschrieben. Durch den umfassenden einleitenden Teil und die Rolle des Instituts der Wirtschaftsprüfer in Deutschland setzt der Standard in der Beschreibung von Compliance-Systemen im deutschsprachigen Raum die wesentlichen Mindestanforderungen an ein solches System fest.

Im allgemeinen Teil des Standards wird das generelle Rahmenkonzept eines Compliance-Management-Systems dargelegt. Hierbei stellt das IDW auf sieben Grundelemente eines effektiven Compliance- und Ethik-Systems ab, welche zwingend bei der Einrichtung eines CMS vorliegen müssen.[12]

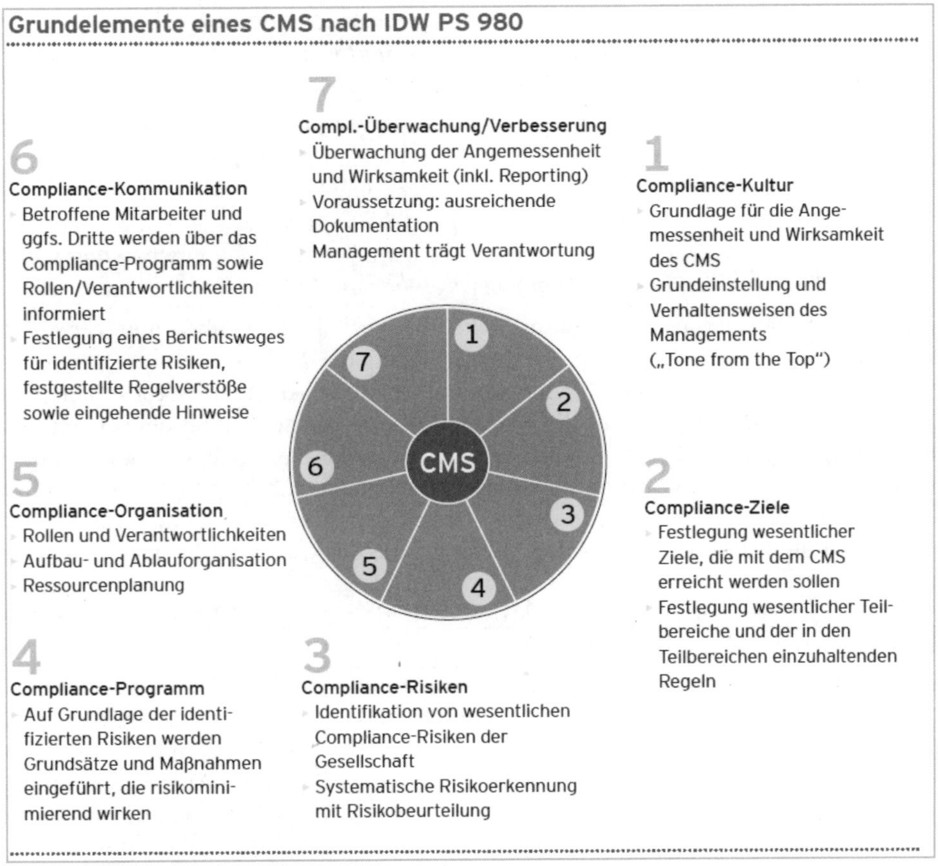

Abb. 5: Die sieben Grundelemente eines CMS nach IDW PS 980[13]

Die Relevanz zur Einrichtung von Compliance-Management-Systemen für kapitalmarktgelistete Gesellschaften wurde vom Gesetzgeber durch die Novellierung des Deut-

---

[12] Vgl. *Institut der Wirtschaftsprüfer*, IDW PS 980, Tz. 1 ff.

[13] Quelle: *Ernst & Young*, Der IDW PS 980 (2011), S. 2

schen Corporate Governance Kodex (DCGC) im Jahr 2007 verstärkt. Hier wurde im Wesentlichen auf folgende Elemente verwiesen:[14]

Deutscher Corporate Governance Kodex (Juni 2007):

Informationspflicht des Vorstands gegenüber dem Aufsichtsrat über die Compliance:

[3.4] Der Vorstand informiert den Aufsichtsrat regelmäßig, zeitnah und umfassend über alle für das Unternehmen relevanten Fragen der Planung, der Geschäftsentwicklung, der Risikolage, des Risikomanagements und der Compliance. Er geht auf Abweichungen des Geschäftsverlaufs von den aufgestellten Plänen und Zielen unter Angabe von Gründen ein;

Übernahme und Definition des Begriffes Compliance:

[4.1.3] Der Vorstand hat für die Einhaltung der gesetzlichen Bestimmungen und der unternehmensinternen Richtlinien zu sorgen und wirkt auf deren Beachtung durch die Konzernunternehmen hin (Compliance);

Pflicht des Prüfungsausschusses, sich mit Compliance zu befassen:

[5.3.2] Der Aufsichtsrat soll einen Prüfungsausschuss (Audit Committee) einrichten, der sich insbesondere mit Fragen der Rechnungslegung, des Risikomanagements und der Compliance, der erforderlichen Unabhängigkeit des Abschlussprüfers, der Erteilung des Prüfungsauftrags an den Abschlussprüfer, der Bestimmung von Prüfungsschwerpunkten und der Honorarvereinbarung befasst.

In der vorgesehenen Novellierung im Jahr 2013 wird abermals über eine Verschärfung der Governance- und Compliance-Elemente diskutiert.

Dennoch ist die Liste von allgemeinen und spezifischen Rahmenkonzepten, welche Grundlage und Ideenfundus für die Konzeption und Ausgestaltung eines Compliance-Management-Systems darstellen können, lang. Einzelne Standards stellen hier auf Branchenspezifika oder auch bestimmte Unternehmensrisiken ab. Die folgende Tabelle gibt einen Überblick über die vom Institut der Wirtschaftsprüfer in Deutschland allgemein anerkannten Rahmenkonzepte zur Ausgestaltung eines Compliance-Management-Systems:

Name	Organisation	Anwendungsbereich
1. Allgemeine Rahmenkonzepte		
Foundation Guidelines „Red Book“	Open Compliance and Ethics Group (OCEG), Phoenix, USA	Die „OCEG Guidelines“ sollen Richtlinien für die Konzeption, Implementierung, Aufrechterhaltung, Überwachung und Beurteilung von Compliance-Programmen geben. Im Vordergrund steht ein integrativer Ansatz von Governance, Compliance und Risikomanagement.

[14] Vgl. *Transparency Intl.* (2007), o.S.

Australian Standard on Compliance Programs (AS 3806-2006)	Standards Australia Committee QR-014, Sydney, Australien	Zielsetzung des AS 3806-2006 ist es, einen organisatorischen Rahmen für die Einführung und Umsetzung wirksamer Compliance-Programme zu geben.
Unternehmensweites Risikomanagement – Übergreifendes Rahmenwerk (COSO II)	Committee of Sponsoring Organization, Jersey City, USA	Umfassendes Modell eines unternehmensweiten Risikomanagements
OECD-Grundsätze der Corporate Governance	Organisation für wirtschaftliche Zusammenarbeit und Entwicklung (OECD), Paris, Frankreich	Grundsätze der OECD für Corporate Governance, die weltweit Mindeststandards setzen sollen
OECD Guidelines for Multinational Enterprises	Organisation für wirtschaftliche Zusammenarbeit und Entwicklung (OECD), Paris, Frankreich	Die OECD-Leitsätze für multinationale Unternehmen stellen Empfehlungen für ein verantwortungsvolles und dem geltenden Recht entsprechendes unternehmerisches Verhalten dar.
2. Spezifische Rahmenkonzepte		
Pflichtenheft zum Compliance-Management in der Immobilienwirtschaft	Initiative Corporate Governance der deutschen Immobilienwirtschaft e.V., Berlin	Grundsätze für eine transparente und professionelle Unternehmensführung in der Immobilienwirtschaft
Grundsätze ordnungsmäßiger Compliance	Österreichische Finanzmarktaufsicht, Wien, Österreich	Grundsätze ordnungsmäßiger Compliance für österreichische Kreditinstitute, die Geschäfte und Dienstleistungen im Zusammenhang mit Finanzinstrumenten durchführen
United States Federal Sentencing Guidelines Manual	United States Sentencing Commission	US-Grundsätze für organisatorische Maßnahmen zur Verhinderung von Straftaten der Mitglieder einer Organisation bzw. zur Mitwirkung bei der Aufdeckung von Straftaten

PACI: Principles for Countering Bribery	Partnering Against Corruption Initiative (PACI), Genf, Schweiz	Prinzipien zur Verhinderung von Bestechung
OFT Guide for Compliance with Competition Law	Office of fair trading (OFT), London, England (non-ministerial government department in UK)	Grundsätze zur Einhaltung von Vorschriften des Wettbewerbsrechts
Korruption bekämpfen – Ein ICC-Verhaltenskodex für die Wirtschaft	ICC Deutschland e.V., Internationale Handelskammer, Berlin / Deutscher Industrie- und Handelskammertag e.V., Berlin	Verhaltenskodex zur Korruptionsbekämpfung
Geschäftsgrundsätze für die Bekämpfung von Korruption	Transparency International Deutschland e.V., Berlin	Geschäftsgrundsätze für die Bekämpfung von Korruption
BME-Verhaltensrichtlinie Code of Conduct	Bundesverband für Materialwirtschaft, Einkauf und Logistik e.V., Frankfurt/Main	Die BME-Verhaltensrichtlinie ist ein freiwilliger Kodex zur Umsetzung von nachhaltigen, verantwortungsvollen und ethischen Handlungsgrundsätzen.
Consultation on Guidance about commercial organisations preventing bribery (Guidance to the UK Bribery Act)	The Ministry of Justice, London	Zum „UK Bribery Act“ sind Richtlinien vorgesehen (am 14.09.2010 als Entwurf veröffentlicht), die den Unternehmen helfen sollen, die Anforderungen des UK Bribery Act zu erfüllen. Der „UK Bribery Act“ ist ein Antikorruptionsgesetz, das Bestechungstaten unter Strafe stellt. Auch deutsche Unternehmen können in den Anwendungsbereich des Gesetzes fallen, wenn sie einen hinreichenden Geschäftsbezug zu Großbritannien (z.B. durch eine Betriebsstätte oder umfangreiche Warenlieferungen) haben.

Recommendation of the Council for Further Combating Bribery of Foreign Public Officials in International Business Transactions; Annex II: Good Practice Guidance on Internal Controls, Ethics, and Compliance	Organisation für wirtschaftliche Zusammenarbeit und Entwicklung (OECD), Paris, Frankreich	Die Leitlinien richten sich an Unternehmen mit dem Ziel, die Wirksamkeit von Programmen oder Maßnahmen in den Gebieten Interner Kontrollsysteme, Ethik und Compliance mit dem Zweck der Verhütung und Aufklärung von Bestechung ausländischer Amtsträger im internationalen Geschäftsverkehr sicherzustellen.

Abb. 6: Allgemeine und spezifische Rahmenkonzepte nach IDW PS 980[15]

1.3. CMS-Risiken und Anwendungsbereich

Wie bereits in der Definition eines CMS angeführt, zielt das Management-System auf die systematische Verhinderung von Fehlverhalten bezogen auf das individuelle, für das Unternehmen geltende Risiko ab. Welches Risiko jedoch für ein Unternehmen ein wesentliches Risiko darstellt, ist nicht pauschal zu beantworten. In der Vergangenheit haben Industrie-Compliance-Systeme meist Kernrisiken im Bereich Anti-Korruption abgedeckt. Aber auf Basis zunehmender Internationalisierung und Regulierung von Erwartungen der Stakeholder an eine Good Governance and Citizenship hat sich auch das allgemeine Risikoportfolio im Bereich Compliance verändert.

Prinzipiell ist erst einmal festzustellen, dass einzelne Industrien und Branchen durch die Geschäftsmodelle per se regulatorische Compliance-Risiken abzudecken haben:

Finanzdienstleistungsbranche (Banken, Versicherungen etc.):
Die Finanzdienstleistungsbranche ist auf Basis ihrer öffentlichen Stellung und volkswirtschaftlicher Relevanz von lokalen Gesetzgebern an sich stark reguliert. In der Regel greifen nationale Kapitalmarkt-/Finanzdienstleistungs-Gesetze und Standards sowie spezifische Transparenz- und Überwachungselemente.

Medizin, Pharmazie, Health Care (Life Science):
Der Bereich „Life Science“ hat in der Vergangenheit stets eine hohe Dichte an Regulierung erfahren müssen. Gerade auf Basis des hohen Risikos eines möglichen Haftungsfalles durch gesundheitliche Schäden o.Ä. kam es zur Einführung nationaler und internationaler Standards und Regularien, welche mittelbare Auswirkung auf die Ausgestaltung eines unternehmensspezifischen CMS haben.

Oil & Gas/Energy:
Ähnlich wie im Bereich „Life Science“ konnte im Bereich Energie, Öl und Gas eine hohe Regulierung festgestellt werden. Zur Sicherstellung von – weitestgehend nationa-

[15] Quelle: *Institut der Wirtschaftsprüfer*, IDW PS 980, Anlage 1.

len – Anforderungen an diese Branchenunternehmen werden CMS meist spezifisch angepasst, um mögliche Verstößen vorzubeugen.

Die Liste der spezifischen CMS-Risiken ist natürlich nicht abschließend. Jedoch lässt sich auf Basis der Branche ein generisches Compliance- und Fraud-Risiko ableiten.

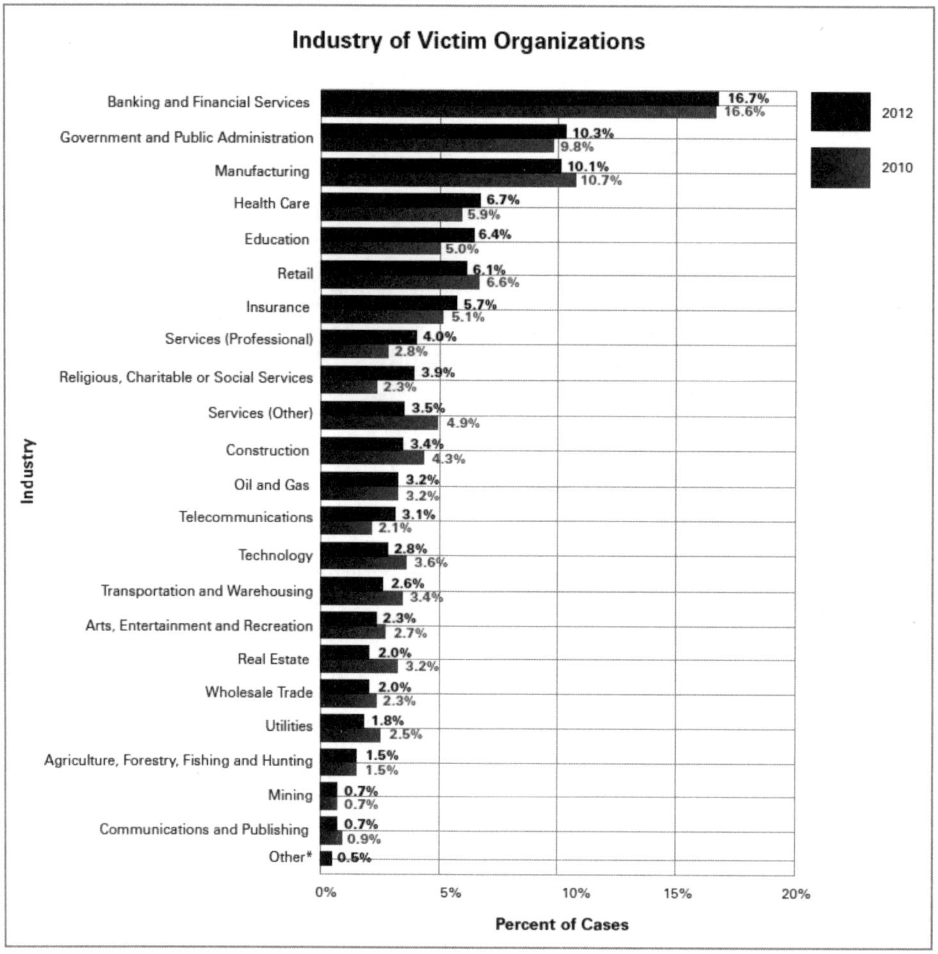

Abb. 7: Fraud-Schäden je Branche[16]

Nichtsdestotrotz ist es für jedes Unternehmen unabdingbar, sich der spezifischen Risikosituation anzunehmen und die Kernrisiken im Bereich Compliance abzuleiten.[17] Der deutsche Prüfungsstandard IDW PS 980 bietet hierfür eine gute Übersicht möglicher Compliance-Risiken, welche über ein CMS abgedeckt werden können:

[16] Quelle: *ACFE* (2012), S. 28.

[17] Das generelle Vorgehen einer Compliance-Risikoanalyse können Sie dem Kapitel „Risikoanalyse" entnehmen.

Typische Compliance-Risiken nach IDW PS 980:

- *Wettbewerbs- und Kartellrecht*
- *Antikorruptionsrecht (z.B. dt./österr. Strafrecht, FCPA, UK Bribery Act)*
- *Börsenrecht*
- *Vorschriften zur Unternehmensführung und -überwachung (z.B. nach dem Deutschen Corporate Governance Kodex)*
- *Geldwäschegesetz*
- *Umweltrecht*
- *Außenwirtschaftsrecht und Exportkontrolle*
- *Außensteuerrecht*
- *Datenschutz- und Datensicherheitsvorschriften*
- *Arbeitsrecht und Persönlichkeitsrechte*
- *Arbeitssicherheit*
- *Zollrecht*
- *Patentrecht*
- *Produkthaftungsrecht*
- *etc.*[18]

Vor diesem Hintergrund sollte ein Unternehmen aber stets auf seine Compliance-Kernrisiken fokussieren. Eine strukturelle Abdeckung aller potenziellen Compliance-Risiken über ein Management-System ist wenig zielführend. Ebenso sollte – anlehnend an ein klassisches Risikomanagement– ein gewisses Risikopotenzial bei einem nichtpriorisierten Risiko akzeptiert werden (z.B. ein beurteiltes geringes Compliance-Risiko wird nicht durch spezifische unternehmensinterne organisatorische Maßnahmen abgedeckt).

Ebenso sollte berücksichtigt werden, dass nicht jedes regulatorische Risiko in der Verantwortung des Compliance-Officers liegt. In diesem Kontext muss klar abgegrenzt werden, welche Verantwortlichkeiten bei der Compliance-Organisation oder in Fachbereichen wie Risikomanagement, Finanzbuchhaltung/Bilanzierung oder aber auch in der Steuerabteilung verbleiben. Die Einhaltung von Bilanzierungs- und Steuervorschriften stellt sicherlich ein Compliance-Kernrisiko eines jedes Unternehmen dar, ist jedoch aufgrund des thematischen Kontexts und der dafür notwendigen Expertise (z.B. im Bereich von Jahresabschlusserstellung, steuerlichen Rechnungslegung) in den Fachabteilungen anzusiedeln. Ebenso sind latente Risiken der Unternehmensexistenz durch eintreffende Sachverhalte, makroökonomische Ereignisse etc. Compliance-Themenstellungen, die der strategischen Ausrichtung des Unternehmens unterworfen sind und somit von der Geschäftsleitung getragen werden müssen.

Sieht man sich Good-Practice-Compliance-Systeme diverser Industrieunternehmen an, so fokussiert ein Gros der Unternehmen auf folgende Kernrisiken:

- Anti-Korruption
- Wettbewerbs- und Kartellrecht
- Datenschutz und Datensicherheit

---

[18] Vgl. *Institut der Wirtschaftsprüfer*, IDW PS 980, Tz. A3.

In einer erweiterten Unternehmensbetrachtung rücken folgende Risiken vermehrt in den Fokus der Compliance-Organisationen:

- Außenwirtschaft/Exportkontrollgesetze
- Geldwäschegesetz
- Environment, Health and Safety

Ziel des CMS ist es, die identifizierten wesentlichen Risiken im Bereich Compliance mit organisatorischen und prozessualen Elementen so zu bearbeiten und zu vermindern, dass ein für das Unternehmen akzeptables Restrisiko entsteht. Hierbei ist anzumerken, dass es um eine systematische Bearbeitung der Compliance-Risiken geht – ein CMS ist nicht in der Lage, jedes Fehlverhalten mit absoluter Sicherheit zu eliminieren. Auch ein wirksames CMS unterliegt systemimmanenten Grenzen. Möglicherweise treten wesentliche Regelverstöße auf, ohne systemseitig verhindert oder aufgedeckt zu werden. Diese systemimmanenten Grenzen und Fehlleistungen ergeben sich insbes. aus menschlichen Fehlleistungen (bspw. infolge von willentlicher Umgehung von Prozessen und Kontrollen, Fraudster, Nachlässigkeit, Ablenkungen, Beurteilungsfehler und Missverstehen von Arbeitsanweisungen) oder auch Missbrauch/Vernachlässigung der Verantwortung durch für bestimmte Maßnahmen verantwortliche Personen.[19]

1.4. Integration eines CMS in die Unternehmensorganisation

Essentiell für die organisatorische Harmonisierung der Compliance-Funktion mit ihren einzelnen Einheiten, Prozessen und Organisationen ist es, Doppelungsfunktionen sowie Doppelarbeiten zu vermeiden. Hierbei gilt es, neu geschaffene Compliance-Funktionen in ein Spannungsfeld mit anderen Risikofunktionen im Unternehmen ideal zu integrieren:

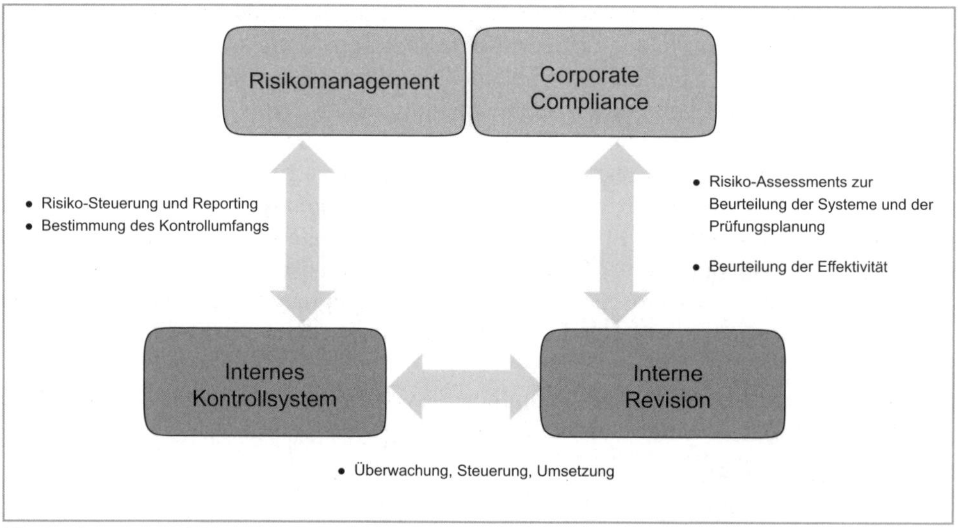

Abb. 8: Spannungsfeld von Compliance, Risikomanagement, Revision und IKS

[19] Vgl. IDW PS 980, Tz. A12.

Die Abgrenzung der Aufgaben und Verantwortlichkeiten ist hierbei essentiell. Es gilt, in aufeinander abgestimmten Aufgabenbeschreibungen die Rollen und das Zusammenspiel so zu definieren, dass Reibungsverluste und Doppelarbeiten vermieden werden sowie die Verantwortlichkeiten klar definiert sind. Kernschnittstellen zur Risikobearbeitung sind hierbei:

Compliance-Abteilung:
Zentrale Abteilung zur Identifikation, Definition, Management und Überwachung von Regelkonformität.

Interne Revision:
Kontrollfunktion und Steuerungsaufgabe durch die Durchführung unabhängiger, interner Prüfungsmandate im Unternehmen.

Risikofrüherkennung/-management:
Systematische Erfassung und Bewertung von unternehmensübergreifenden Risiken sowie die Steuerung von Reaktionen auf festgestellte Risiken (insb. im Bereich Finance, Operations und Strategie).

Internes Kontrollsystem:
Einzelelemente zur Sicherstellung von Regelkonformität in operativen Prozessen (durch prozessimmanente Maßnahmen und Kontrollen).

2. Grundlagen

2.1. Grundkonzept

Wie schon einleitend dargestellt soll dieses Buch als Anregung bzw. Anleitung für eine mögliche Konzeption und Umsetzung eines CMS dienen.

Hinweis:
Sollte das Topmanagement nicht den tatsächlichen Willen haben, compliancekonform (tone at the top) zu handeln, so sollte man generell davon Abstand nehmen, eine derartige Organisation im Unternehmen aufzubauen bzw. sich dazu als Compliance Officer missbrauchen zu lassen. Spätestens wenn die Gerichte tätig werden, sind die Konsequenzen unangenehm. Es ist absehbar, dass die strafrechtlichen Konsequenzen in derartigen Fällen noch weitaus massiver ausfallen werden.

Die Grundfrage, die es bei der Konzeption und Implementierung eines CMS zu beantworten gilt, ist, welche Kernkompetenzen der Compliance übertragen werden sollen (Definition der Kernkompetenzbereiche). Dies hängt von folgenden Faktoren ab:[20]

- Unternehmensgröße
- Unternehmenskomplexität
- Eigentümerstruktur
- Risikoumfeld
- Branchenrisiko

Die Praxis hat gezeigt, dass sich eine Compliance-Abteilung in großen mittelständischen Unternehmen bzw. Großunternehmen auf nachfolgende Themen konzentriert:

- Strafrechtlich relevante Delikte, wie Korruption und Wirtschaftskriminalität (Untreue, Veruntreuung, Betrug u.dgl.m.)
- Unternehmensrechtlich relevante Delikte nach dem AktG und GesmHG bzw. UGB/HGB (Bilanzfälschung u.dgl.m.)
  - Finanzstrafrechtliche Delikte (Abgabenhinterziehung)
  - Delikte i.Z.m. unlauterem Wettbewerb
  - Kartellrechtlich relevante Delikte

Durch die Konzentration auf diese Themenstellungen scheint eine Abgrenzung von anderen Unternehmensbereichen möglich und umsetzbar.

Die Kapitalmarkt-Compliance wird an dieser Stelle bewusst ausgegliedert, da es sich hier um ein Spezialgebiet der Compliance handelt und dieses separat zu betrachten ist.

Folgt man den internationalen Empfehlungen und der einschlägigen Fachliteratur zum Thema Compliance, lässt sich daraus nachfolgend dargestelltes Grundkonzept eines möglichen CMS ableiten:

[20] Vgl *Barbist/Ahammer* (Hrsg.), Compliance in der Unternehmenspraxis, 2009, S. 9.

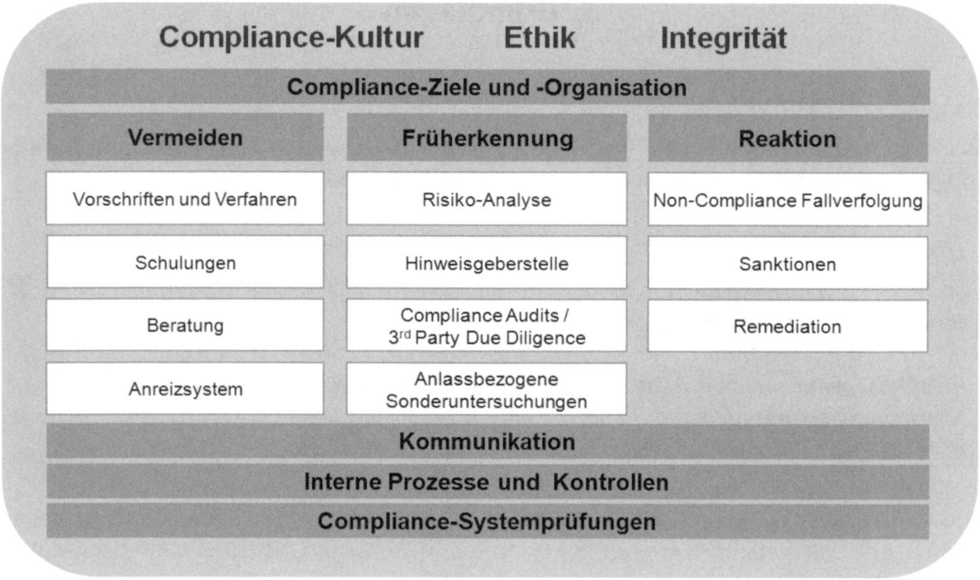

Abb. 9: Compliance-Haus

Sämtliche in diesem Buch beschriebenen Elemente bauen auf diesem Grundkonzept auf.

Beginnt man eine Compliance-Organisation in einem Unternehmen aufzubauen, so ist dringend anzuraten, eine Ist-Analyse zu dem Thema vorzunehmen. In den meisten Unternehmen sind in der Regel bereits Bausteine des CMS vorhanden, welche es zu nützen und zu vereinen gilt.

2.2. Compliance-Kultur

Der wesentlichste und wichtigste Bestandteil eines CMS ist die Unternehmenskultur. Die Kultur und die Werte stellen den Orientierungsrahmen für jegliche Handlung im Unternehmen dar und sind somit der essentielle Bestandteil zur Unternehmensführung und jeglicher Geschäftsentscheidung. Elemente dieser Kultur sind nicht per se implementierbar oder veränderbar. Kulturen und Werte lassen sich auch nicht einfach entwickeln und ändern.

Unternehmenskulturen entstehen und entwickeln sich in einem kontinuierlichen Prozess und werden somit fester Bestandteil jeglicher Entscheidung. Hierbei stellt sich jedoch die definitorische Frage der Unternehmenskultur:

> *„Die Unternehmenskultur ist die Grundgesamtheit gemeinsamer Werte, Normen und Einstellungen, welche die Entscheidungen, die Handlungen und das Verhalten der Organisationsmitglieder prägen."*[21]

[21] Nach *Lies* (2008), S. 61 ff.

Die Unternehmenskultur verfügt hierbei über mehrere Dimensionen, welche sich in drei Ebenen klassifizieren lassen (sog. „Tiefenstruktur des organisatorischen Unterbewusstseins"):[22]

Materielle Phänomene:
Optische, sprachliche und instrumentale Erscheinungen (z.B. Architektur, Raumgestaltung, Kleidung, Umgangston, Parkplatzregelung, Organisationsstruktur)

Immaterielle Phänomene:
Werte und Normen, Einstellungen (Überzeugungen, Werthaltungen, Denkmuster, Rituale, Mythen, Firmengeschichte etc.)

Basisannahmen:
Welt- und Menschenbild (Verhältnis zur Umwelt, Natur sozialer Beziehungen und des menschlichen Handelns, Wahrheitskriterium etc.)

Jeder dieser Faktoren beeinflusst das Handeln und die Einstellung zu Entscheidungen in der Unternehmenskultur. Sie bilden insgesamt die Grundlage für eine effektives Compliance- und Integritätsmanagement in jedem Unternehmen.

Unbestritten ist, dass Compliance keine reine Managementaufgabe darstellt, sondern jeden einzelnen Mitarbeiter betrifft. Der Compliance-Gedanke (ethisch moralisches Grundverständnis) ist von jedem Mitarbeiter unabhängig von seiner Funktion im Unternehmen mitzutragen. Es gilt daher, den Unternehmensspirit in diese Richtung zu lenken und dies auch in den Leitlinien, im Leitbild oder Vergleichbarem fix zu verankern.

Vorbildverhalten und Wertevermittlung sind grundlegende Pfeiler eines effektiven Compliance- und Integritätsmanagement. Der „tone at and from the top" ist ausschlaggebend. Unter „tone at and from the top" versteht man das Bekenntnis der Unternehmensleitung (Aufsichtsrat, Vorstand bei Aktiengesellschaften und Geschäftsführung bei GmbHs) zu ethisch moralischen Grundwerten. Wie bereits mehrmals dargestellt, ist es nur dann möglich und auch sinnvoll, ein CMS zu entwickeln und zu implementieren, wenn dies von der Unternehmensleitung und den Eigentümern auch glaubhaft mitgetragen wird. Dazu zählt insbesondere auch die damit einhergehende Vorbildwirkung. Aussagen wie „Im Osten werden wir aber weiterhin bestechen, um entsprechende Geschäfte zu machen" sind in diesem Zusammenhang mehr als kontraproduktiv.

Klar gestellt sei an dieser Stelle auch, was es bedeutet, als Unternehmensleitung glaubhaft zu agieren. Neben der eigenen Vorbildwirkung muss die Compliancephilosophie durch erkennbare Signale wie klare und fortwährende Kommunikation zu diesem Thema vorhanden sein. Darüber hinaus sind bei entsprechenden Vergehen der Mitarbeiter auch die notwendigen Konsequenzen zu ziehen. Compliance-Verstöße dürfen nicht toleriert werden (sog. „zero tolerance").

Praxisbeispiel

Die Compliance-Abteilung stellt nach einem anonymen Hinweis fest, dass ein hochrangiger Vertriebsmitarbeiter einen Regierungsbeamten bestochen hat. Diese Ergebnisse der Investigation werden dem Vorstand präsentiert. Die klare Empfehlung lautet, sich von diesem Mitarbeiter zu trennen und den Sachverhalt der Staatsanwalt-

[22] Vgl. *Bickmann* (1999), S. 69 ff.

schaft anzuzeigen. Der Vertriebsmitarbeiter ist jedoch ein „guter Bekannter" des Eigentümers und interveniert daher bei diesem gegen die Entlassung. Dies hat zur Folge, dass man sich von diesem Mitarbeiter nicht trennt und auch keine Anzeige bei den Behörden einbringt. Ganz im Gegenteil, man versucht den Sachverhalt entsprechend zu verschleiern.

Die Konsequenzen dieser Entscheidung des Eigentümers gemeinsam mit dem Vorstand können sehr weitreichende Folgen haben.

Den Mitarbeitern des eigenen Unternehmens wird das Signal gegeben, dass die Bestechung von Beamten toleriert wird und das Unternehmen diese Mitarbeiter durch Verschleierungsmaßnahmen auch noch schützt. Es ist daher davon auszugehen, dass derartige Praktiken nicht abgestellt werden.

Sollte sich der anonyme Hinweisgeber (in der Regel handelt es sich entweder um einen Mitarbeiter bzw. ehemaligen Mitarbeiter oder um einen Kollegen des Beamten, welchen man keine Annehmlichkeiten zuteilwerden ließ) seinerseits aber auch an die Behörden wenden und diese dann von sich aus tätig werden, wird dies zur Folge haben, dass das Unternehmen und deren Organe, aber auch die Compliance-Abteilung mit massiven strafrechtlichen und persönlich unangenehmen Interventionen zu rechnen haben.

Erleben, was verbindet.

Die fünf Leitlinien der Deutschen Telekom

- **Kunden begeistern**
  Hier geht es um das wichtigste Gut des Konzerns, den Kunden. Es geht um die Gedanken, Emotionen, Bedürfnisse und Erfahrungen der Kunden. Sie sind der Antrieb für den Erfolg der Telekom.

- **Integrität und Wertschätzung leben**
  In der zweiten Leitlinie geht es nicht nur um den Respekt unter Kolleginnen und Kollegen. Dazu gehört auch die Wertschätzung von Kunden, Partnern, Lieferanten, Anteilseignern und auch für die Gesellschaft und die Umwelt.

- **Offen zur Entscheidung – geschlossen umsetzen**
  Das dritte Prinzip betrifft die Kultur der Zusammenarbeit. Im Team müssen Themen offen diskutiert werden. Für unterschiedliche Meinungen und harte Diskussionen muss Platz sein. Aber wenn eine Entscheidung getroffen ist, wird diese konsequent und geschlossen umgesetzt.

- **An die Spitze! Leistung anerkennen – Chancen bieten**
  Wenn die Deutsche Telekom zum bestangesehenen Serviceunternehmen der Branche werden will, braucht sie motivierte und gute Mitarbeiter. Daher ist diese Leitlinie eine Verpflichtung für alle Führungskräfte, individuellen Einsatz und Erfolg anzuerkennen und ein positives Umfeld zu bieten mit Fortbildungsmöglichkeiten und Perspektiven.

- **Ich bin die Telekom – auf mich ist Verlass**
  Die fünfte Leitlinie ist das persönliche Bekenntnis jedes einzelnen Mitarbeiters. Das heißt beispielsweise, dass sich jede Kollegin und jeder Kollege bei einem Problem eines Kunden persönlich für die Lösung einsetzt. Der Kunde kann in diesem Fall ein Endverbraucher sein, aber auch ein Kollege, Geschäftspartner oder ein anderer Partner des Unternehmens.

Abb. 10: Beispiel – Die fünf Leitlinien der Deutschen Telekom[23]

---

23 www.cr-bericht.telekom.com/site12/strategie-und-management/werte-leitlinien.

Moralische Werte und Einstellungen – insb. Integritätswerte – sind ein Kernelement für ein effektives Compliance-Management, können jedoch nicht ausschließliche Elemente einer Compliance-Kultur darstellen. Die Unternehmenswerte beinhalten darüber hinaus auch weiterführende Elemente der Grundwerteerklärung, die konkretisiert und beschrieben werden müssen:

Abb. 11: Wertviereck nach *Wieland/Grüninger*[24]

Jegliches Handeln und Vorbildverhalten (das Tun und das Unterlassen) haben einen direkten Einfluss auf die Unternehmenskultur und die direkte Umsetzung im Wertschöpfungsprozess im Unternehmen. Demzufolge ist ein umfassendes Wertemanagement ein essentieller Bestandteil einer Good Corporate Governance und einem erfolgreichen Compliance-Management.

2.3. Compliance-Ziele

Jede Compliance-Organisation hat sich natürlich auch entsprechende Ziele zu setzen, wobei diese in der strategischen Grundausrichtung jedenfalls klar sein müssen und wie folgt lauten können:

- Schaffung und Bewahrung einer Unternehmenskultur, die neben den gesetzlichen Anforderungen auch ethischen und moralischen Grundwerten entspricht.
- Einhaltung aller Gesetze, Vorschriften und Regelungen sowie der zugehörigen internen Richtlinien.

Compliance-Verständnis ist nicht nur nach innen, sondern auch nach außen gerichtet. Es wird auch von Kunden und Lieferanten ein entsprechendes Compliance-Verständnis

---

[24] Vgl *Wieland/Grüninger*, Handbuch Compliance-Management, S. 53.

verlangt. Im Gegenzug dazu fragen aber aus selbigem Beweggrund auch diese compliancekonformes Verhalten bei ihren Geschäftspartnern nach. Somit hat das Unternehmen gegenüber Kunden und Lieferanten diesbezüglich eine Bringschuld, wodurch der Kreis geschlossen wird.

Selbsterklärend ist auch, dass die generelle Unternehmensausrichtung mit den Compliance-Zielen harmonisieren (womit man letztlich wieder bei dem Thema „Tone at and from the Top" landet) und in ihrer Außenwirkung an die Anforderungen der jeweiligen Industrie angepasst werden muss, um sich auch gegenüber Mitbewerbern zu positionieren.

Im Rahmen der Zielsetzung sollte des Weiteren die Grundannahme für die Ausgestaltung des Compliance-Managements getroffen werden. So ist insb. festzulegen, welche Risikobereiche fokussiert und in welcher Intensität bearbeitet werden sollen. Ebenso ist festzulegen, über welche organisatorische Verantwortung das Programm gesteuert werden soll. Auf dieser Basis wird das System entsprechend konzipiert und implementiert.

2.4. Compliance-Organisation

Besondere Bedeutung ist der Frage beizumessen, wie die Compliance im Unternehmen organisatorisch zu verankern ist. Die Unternehmensgröße ist dabei eines der ausschlaggebenden Kriterien. So empfiehlt es sich, ab einer gewissen Unternehmensgröße jedenfalls einen eigenen unabhängigen Compliance-Officer zu implementieren. Eine exakte Definition, ab wann diese Maßnahme zu setzen ist, ist nicht formulierbar, da neben der Unternehmensgröße auch das Risikoumfeld, in welchem man sich bewegt, mitentscheidend ist.

Ist nach Ansicht der Unternehmensleitung und nach ökonomischen Aspekten die kritische Größe zur Einsetzung eines Compliance-Officers nicht erreicht, kann diese Funktion auch von der Leitung der Rechtsabteilung bzw. der Leitung Personal mitbetreut werden.

Idealerweise ist der Compliance-Officer abseits der Organisationshierarchie als unabhängiges und weisungsfreies Organ zu implementieren.[25] In der Regel findet man diesen jedoch organisatorisch als Stabsstelle der Geschäftsleitung eingegliedert und gegenüber dieser und dem Aufsichtsrat (im Falle einer Aktiengesellschaft) berichtspflichtig. Dessen unbeschadet ist der Compliance-Officer in seinem Aufgabenbereich auch unter dieser Konstellation als unabhängig und weisungsfrei zu stellen, damit er seiner Aufgabe auch entsprechend glaubwürdig nachgehen kann.

Hinweis:
Kriterien, an welchen gemessen werden kann, ob ein Unternehmen dem Thema Compliance die notwendige Ernsthaftigkeit beimisst, sind:

- *wie die Compliance-Abteilung personell ausgestattet ist;*
- *welche technischen Ressourcen der Compliance zur Verfügung stehen;*

[25] Vgl *Feierl-Giedenbacher/Mair* in *Lewisch, Peter* (Hrsg.), Zauberwort Compliance, 2012, S. 24.

- *wie die Compliance-Abteilung im Unternehmen organisatorisch verankert ist;*
- *ob die Compliance-Abteilung gegenüber dem Management weisungsfrei gestellt ist;*
- *wer die Funktion des (Chief-)Compliance-Officers/-Beauftragten wahrnimmt.*

Es erklärt sich fast von selbst, dass insbesondere bei der Auswahl des Compliance-Officers besondere Sorgfalt an den Tag zu legen ist. Besetzt man diese Position durch eine sowohl fachlich als auch charakterlich nicht geeignete Person, sind zukünftige Probleme vorprogrammiert.

Es gilt abzuwägen, ob man im eigenen Unternehmen auf die Suche nach einem dafür geeigneten Mitarbeiter geht oder ob man sich für einen externen Experten entscheidet. Beide Varianten haben ihre Vor- und Nachteile, die sich am Ende des Tages die Waage halten. Da das Thema Compliance relativ jung ist, kann es sich aber derzeit als schwierig gestalten, am Arbeitsmarkt die geeignete Person zu finden, um diese Position zu bekleiden.

Nachfolgende fachliche und charakterliche Kriterien sollten in der Stellenausschreibung zur Position als Compliance-Officer unbedingt Berücksichtigung finden und im großen Umfang von interessierten Personen mitgebracht werden:

- Gefestigter Charakter
- Hohe soziale Kompetenz
- Fachliches Know-how zu dem Thema (idealerweise mit betriebswirtschaftlichem und juristischem Background)
- Technisches Grundverständnis zu forensischen IT-Lösungen
- Mindestalter, jedenfalls über 35 Jahre (keinesfalls die klassischen High Potentials von der Universität mit keiner bis kaum Berufserfahrung)
- Analytische Fähigkeiten
- Hohes Konfliktlösungspotential (dies bedeutet keinesfalls Konfliktscheue)

Exkurs: Strafrechtliche Stellung des Compliance-Officers

Es steht jedem Unternehmen letztlich frei, ob und wie es einen Compliance-Officer bzw. Compliance-Beauftragten implementiert. Letztlich ist davon auch abhängig, wie weit ein Compliance-Officer in weiterer Folge auch aufgrund seiner Position straf- und haftungsrechtliche Risiken eingeht. Für den Fall, dass ein Compliance-Officer in seiner Funktion weisungsfrei gestellt ist, besteht dieses Risiko jedenfalls. Die Position des Compliance-Officer bewirkt schon aufgrund dieser Begriffsdefinition eine entsprechende Fürsorgepflicht für das eigene Unternehmen. Dies äußert sich dadurch, dass bekannte unternehmensinterne Missstände an die leitenden Organe zu berichten und wenn möglich auch abzustellen sind.[26] Komplexer ist die Situation bei strafrechtlich relevanten Delikten wie Korruption. Folgt man hier der Logik der Entscheidung des deutschen BGH,[27] so hat ein Compliance-Officer derartige Delikte auch anzuzeigen. In der Fachliteratur ist diese Thematik jedoch höchst umstritten und es bleibt daher abzuwarten, wie letztlich die österreichischen Gerichte in konkreten Fällen entscheiden werden.

---

[26] Vgl. *Lewisch* in *Lewisch, Peter* (Hrsg.), Zauberwort Compliance, 2012, S. 86 f.

[27] BGH 5 StR 394/08 = NGZ 2009, 1356.

Die Compliance-Abteilung ist abhängig von der Unternehmensgröße bzw. dem Risikoumfeld natürlich auch mit entsprechend personellen Ressourcen auszustatten. In diesem Zusammenhang werden mitunter gerne Siemens oder Daimler als Benchmark herangezogen, bei welchen umgelegt auf die Gesamtmitarbeiterzahl ca. 1,5 Promille in der Compliance-Abteilung tätig sind. Dazu sei grundsätzlich angemerkt, dass insbesondere diese Unternehmen aufgrund der massiven Strafverfolgung durch den amerikanischen Gesetzgeber gezwungen waren, sich sehr intensiv mit dem Thema Compliance auseinanderzusetzen. Dabei ging es schlichtweg um das Überleben der Unternehmen, womit sich die Stärke und Ausgeprägtheit des CMS inklusive der personellen Ausstattung erklären lässt. Ist man als Unternehmen in der komfortablen Situation, nicht einer derartigen Drucksituation ausgesetzt zu sein, so hat man die Möglichkeit, das CMS insofern zu gestalten, dass bereits vorhandene interne Ressourcen im benötigten Rahmen mitgenützt werden und diese nicht zwingend in der Compliance-Abteilung selbst aufgebaut werden müssen. Dies ermöglicht einen weitaus geringeren personellen Ressourceneinsatz. Somit sollte klar sein, dass auch Compliance-Systeme und deren Ausstattung einer Kosten-Nutzen-Analyse zu unterziehen sind. Es macht keinen Sinn, wenn Unternehmen sich ausschließlich mit Compliance beschäftigen und dadurch die Konzentration auf die eigentliche Tätigkeit verloren geht. Dies wird letztlich zum wirtschaftlichen Untergang führen.[28] Zusammengefasst manifestiert sich der Compliance-Gedanke einer Organisation wie nachfolgend darstellt (interdisziplinäre Vernetzung der Compliance zum IKS, RM und zur IR):

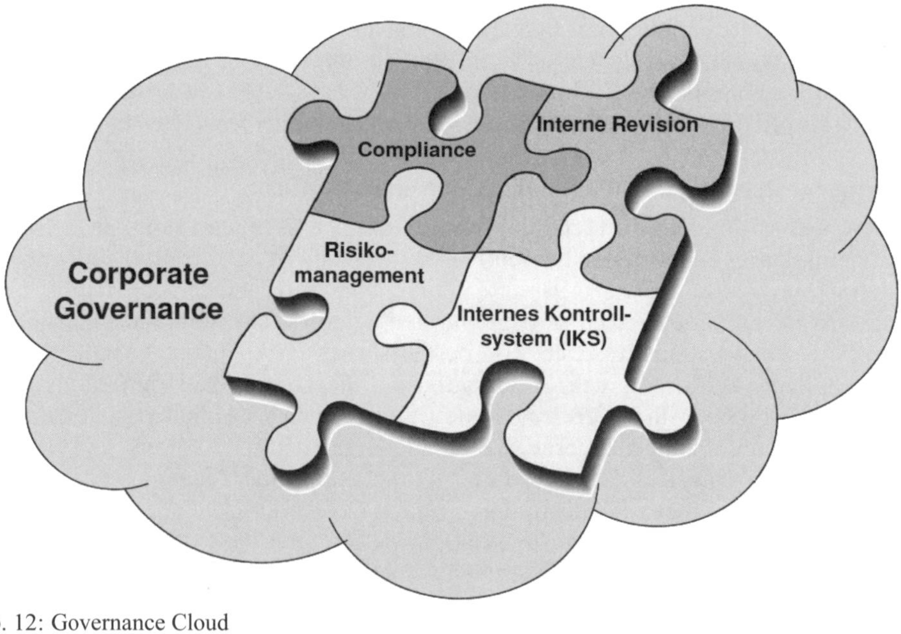

Abb. 12: Governance Cloud

[28] Vgl *Lewisch* in *Lewisch, Peter* (Hrsg.), Zauberwort Compliance, 2012, S. 13 f.

3. Prävention

Basierend auf den gestiegenen regulatorischen Anforderungen zum Thema Compliance und auf einer verstärkten öffentlichen Wahrnehmung aufgrund medialer Präsenz von Unternehmen, die in ihrem Handeln wenig oder kein compliancekonformes Verhalten gezeigt haben, gewinnt gerade das Setzen diesbezüglicher Präventivmaßnahmen an Bedeutung. Im Bereich „Prävention" verfolgt das Unternehmen das Ziel, durch gezielte Konzeption von Rahmenwerken, Aufklärung und Motivation die Mitarbeiter in die Situation zu versetzen, sich grundsätzlich mit der Thematik Integrität, Compliance und Ethik auseinanderzusetzen, die Grundprinzipien zu verstehen, diese zu antizipieren und somit auch in den Wertschöpfungsprozessen im Unternehmen compliancekonform zu agieren. Die wesentlichen Grundelemente zur Schaffung des Rahmenwerkes und des Bewusstseins werden im Folgenden beschrieben.

3.1. Compliance-Rahmenwerke (Regeln und Richtlinien)

Ein effektives Compliance-Management-System setzt im Kern auf die Einhaltung von Regeln und Richtlinien. Demzufolge ist es essentiell, die wesentlichen Regeln, die auf die Kern-Compliance-Risiken einer Organisation abzielen, leicht verständlich in schriftlicher Form festzuhalten oder diese prozessual abzubilden. Die Art und das Ausmaß der Rahmenwerke werden insb. von der Unternehmenskultur und den Compliance-Zielen beeinflusst:

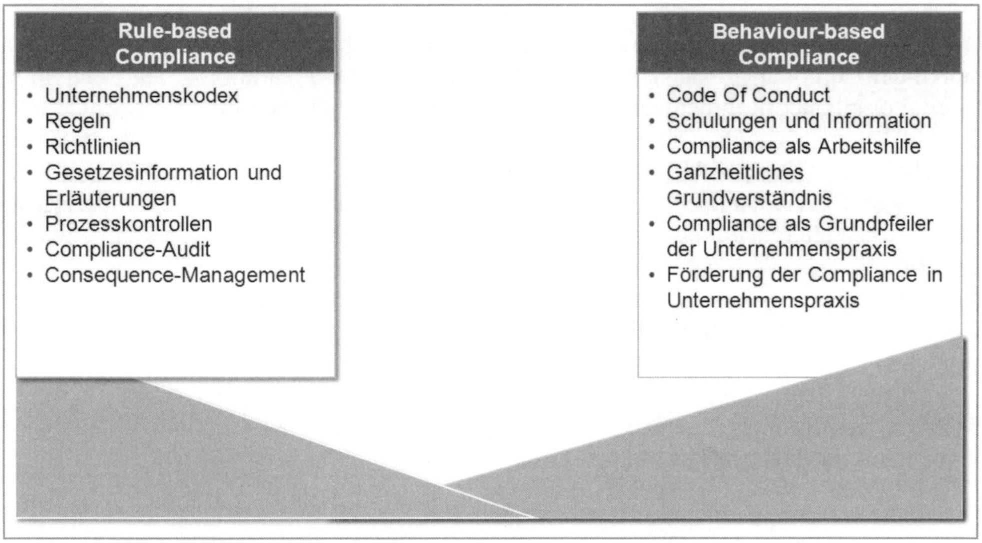

Abb. 13: Rule-based vs. Behaviour-based Compliance

Rule-based-Compliance-Systeme setzen verstärkt auf die konkrete Definition von Regeln und Richtlinien in der Organisation. In diesem Falle wird mit einem Rahmenwerk versucht, den Rahmen der Compliance-Risiken organisatorisch und prozessual so zu beschreiben, dass Verantwortlichkeiten, Vorgaben, aber auch Konsequenzen eindeutig und unmissverständlich abzuleiten sind.

Demzufolge sind Rule-based-Compliance-Systeme meist an dezidierten Richtlinien-Katalogen für Compliance erkennbar.

Vorteil Rule-based-Compliance-Rahmenwerke:
Der Vorteil solcher Systeme liegt sehr auf der Eindeutigkeit der Vorgaben und der entsprechenden Sanktionierungs-Ableitung als Folge von Fehlverhalten. Rule-based-Compliance-Rahmenwerke gehen in der Regel sehr genau auf organisatorische und prozessuale Vorgaben ein und nehmen stets starken Bezug auf juristische Vorgaben. In der Regel gehen solche Systeme auch mit sehr strikten Vorgaben in Prozessen und Kontrollen einher. Demzufolge ist die Risikovermeidung in einem solchen System als stark ausgeprägt zu sehen.

Nachteil Rule-based-Compliance-Rahmenwerke:
Auf Basis der dezidierten Formulierung von (juristischen) Risiken und detaillierten Vorgaben durch Prozesse und Kontrollen geht die Flexibilität in den jeweiligen Unternehmensentscheidungen sowie in den Wertschöpfungsprozessen teilweise verloren. Des Weiteren besteht die Gefahr, dass durch die formal korrekte und umfassende Dokumentation und Kommunikation der Rahmenwerke das Verständnis für die Compliance-Organisation verloren geht und Compliance als hinderndes Element der Gesamtorganisation gesehen wird.

Demgegenüber setzen Behaviour-based-Compliance-Rahmenwerke eher auf das Antizipieren der Compliance-Risiken im operativen Prozess. Im Idealfall würden Behaviour-based-Compliance-Rahmenwerke auf dezidierte Regeln und Richtlinien verzichten können, da davon auszugehen ist, dass jeder Mitarbeiter des Unternehmens die Werte verinnerlicht hat und demzufolge auch integer handelt.

Da dieser Ansatz jedoch eher eine theoretisch-wissenschaftliche Überlegung ist, gehen wir im Weiteren auf die Anlehnung an Behaviour-based-Compliance-Rahmenwerke ein. Hierbei wird verstärkt versucht, Regeln und Richtlinien des Unternehmens auf Basis des spezifischen Risikos so zu formulieren, dass das generische Risiko in einer einfachen Sprache erläutert und anschaulich auf den operativen Wertschöpfungsprozess übertragen wird.

Ziel ist es demzufolge nicht, den Mitarbeiter umfassend über Details der juristischen Sachlage zu informieren, sondern aufbauend auf einem Kernrisiko die individuelle Konsequenz für das tägliche Handeln zu beschreiben.

Vorteil Behaviour-based-Compliance-Rahmenwerke:

Der Vorteil solcher Systeme liegt in der leichten Verständlichkeit und demzufolge auch auf der vollumfänglichen Vermittlung und Antizipation der Thematik Compliance durch den Betroffenenkreis. Durch die allgemeine Kommunikation bleibt i.W. die Flexibilität der Prozesse bestehen. Das System zielt somit auf die Verantwortlichkeit des Individuums ab.

Nachteil Behaviour-based-Compliance-Rahmenwerke:

Die Effektivität eines solchen CMS setzt eine kontinuierliche Kommunikation in verschiedenster Art und Tiefe voraus. Darüber hinaus ist durch meist offene Gestaltung der Prozesse und Kontrollen eine Effektivitätskontrolle nur schwierig durchzuführen. Ebenso kann eine Sanktionierung durch nicht eindeutige Sachverhalte oder nicht vollumfänglich vermittelter Informationen ggfs. zu arbeitsrechtlichen Schwierigkeiten sowie zu Haftungsfragen führen.

Per se lässt sich an dieser Stelle nicht ableiten, welcher Ansatz für welches Unternehmen einen grundsätzlichen Vor- und/oder Nachteil bildet. Vielmehr kommt es hierbei auf eine dezidierte Analyse der bestehenden Kultur und Norm im Unternehmen und auf eine – darauf abgestellte – Konzeption eines Compliance-Rahmenwerkes an, welche in einem zweiten Schritt zu definieren sind.

Je nach Ausprägung ist somit der Umfang dieses Rahmenwerkes zu definieren. Rahmenwerke bestehen hierbei nicht ausschließlich aus Richtlinien. Zu einem umfassenden CMS-Rahmenwerk sollten folgende Elemente erstellt/angepasst werden:

In einem ersten Schritt ist die vollumfängliche Verantwortung für das Thema Compliance in der Organisation zu verankern. Hierbei sind sowohl in **Geschäftsordnung/Geschäftsverteilungsplan/Satzung** eine Person oder einzelne Personengruppen zu bestimmen, die die organisatorische Verantwortung auf Vorstands-/Geschäftsführer-/Organ-Level tragen. Des Weiteren ist es essentiell, eine ausreichend detaillierte Stellenbeschreibung des Compliance-Verantwortlichen in der Gesellschaft zu schaffen. Diese dokumentiert das Aufgabengebiet, die Rechte und Pflichten des Compliance-Officers/-Beauftragten und schützt diesen, aber auch das Unternehmen an sich, in einem zweiten Schritt vor möglichen Haftungen.

Des Weiteren sollten die Unternehmensgrundwerte in einem umfassenden Dokument (**Grundwerteerklärung/Code Of Conduct**) niedergeschrieben werden. In der Regel verfügt jedes Unternehmen über gelebte Werte und Einstellungen. Im Rahmen der Grundwerteerklärung sollten diese niedergeschrieben werden, sodass alle Betriebsangehörigen (national und international) über ein gleiches Verständnis zur Einstellung im Unternehmen verfügen.

Der Prozess zur Erstellung einer Grundwerteerklärung wird im Idealfall durch einen „Top-Down“- oder einen „Gegenstrom“-Verfahrensansatz durchgeführt. Gerade der zweite Ansatz eignet sich sehr gut für die Integration der Mitarbeiter und der entsprechenden Motivation zur Wertedefinition/Wertebefolgung.

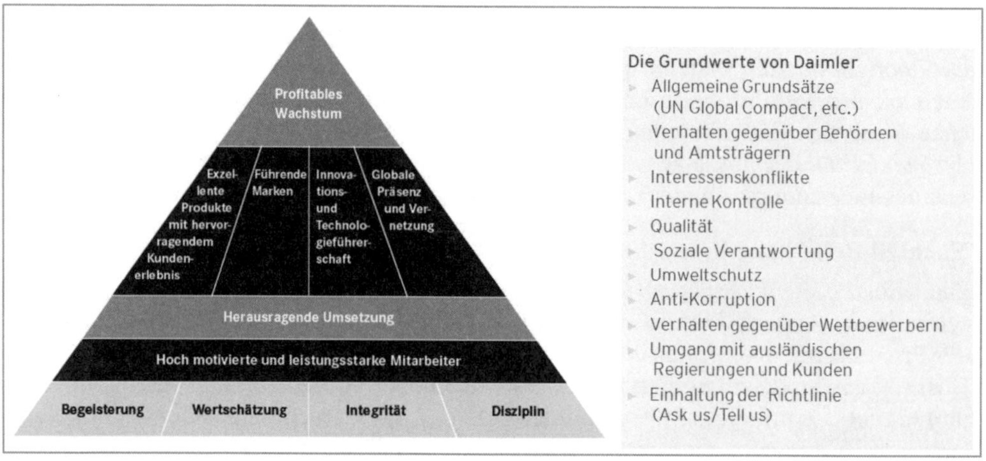

Abb. 14: Die Grundwerte der Daimler AG[29]

In einem dritten Schritt sollte die Gesellschaft das CMS-Rahmenkonzept in einem Grundsatzpapier dokumentieren (**CMS-Beschreibung**). Die CMS-Beschreibung umfasst alle wesentlichen organisatorischen und prozessualen Elemente, die zur Sicherstellung einer ausreichenden Compliance zählen. Insb. ist auf die Compliance-Organisation, die Risikoanalyse, das Reporting sowie weitere Elemente[30] einzugehen. Nichtsdestotrotz sollte die CMS-Beschreibung ein ausgewogenes Mittel aus „Umfassend“ und „Abstrakt“ wahren. Zudem sollte bei der Beschreibung der Bereiche Prozesse, Kontrollen, Regeln und Richtlinien kein wesentlicher Inhalt wiedergegeben werden, sondern eher auf die entsprechenden Dokumente (Prozessbeschreibungen etc.) verwiesen werden. Dies führt dazu, dass die CMS-Beschreibung bei geringfügigen Änderungen von Einzelelementen nicht angepasst werden muss.

Zudem entwickelt die Gesellschaft **Compliance-Richtlinien**,[31] die auf die unternehmensspezifische Risikosituation und Kultur angepasst werden sollten. Die Richtlinie sollte eindeutig und klar formuliert sowie allgemein verständlich geschrieben sein. Ein detailliertes Aufführen von einzelnen Paragraphen aus juristischen Fachartikeln führt in diesem Kontext meist zu Unverständnis. Ebenso sollte eine solche Richtlinie in der gesamten Gesellschaft gültig sein – d.h. dass es nur in einem minimalen Maße Abweichungen von dieser Richtlinie geben sollte. Ausnahmen (wie bspw. Auslagen/Vorteile für gewisse Mitarbeitergruppen) wirken kontraproduktiv bei der Akzeptanz der Maßnahme.

Hinweis:

Bei Konzernen/Gesellschaften mit Auslandsgesellschaften ist zu berücksichtigen, dass einzelne Verfahrensanweisungen oder auch die Grundwerteerklärung Passagen

---

[29] Vgl. *Daimler AG* (2007), S. 3 ff.

[30] Bspw. auf Basis des Drei-Säulen-Modells.

[31] Bspw. Anti-Korruption-RL, RL zum Vorgehen bei Interaktion mit Wettbewerbern, Geschenke- und Einladungs-Richtlinie, Vorteils-RL usw.

enthalten können, die bei einem internationalen Rollout im Widerspruch zu anderen nationalen Gesetzen stehen (bspw. Meldung von Compliance-Verstößen). Im Rahmen der Dokumentenkonzeption ist sorgsam zu prüfen, welche Passagen ggfs. zu rechtlichen Verstößen führen können.
Ebenso ist auch zu berücksichtigen, dass bei international agierenden Unternehmen mit einer Vielzahl an Tochtergesellschaften/Beteiligungen Kerndokumente wie Grundwerteerklärung sowie wesentliche Richtlinien möglichst in lokaler Sprache verfügbar sein sollten. Auf Basis unserer Erfahrung sind bei den essentiellen Compliance-Themen oftmals sprachliche und inhaltliche Barrieren zu überwinden, sodass ein Verständnis der Materie meist nur über lokale Sprachen erreicht werden kann.

Praxisbeispiel:

Roll-out einer Verhaltensrichtlinie in englischer Sprache in der Volksrepublik China führte zu einer Nichtbeachtung der Richtlinie bei der Tochtergesellschaft („ein wichtiges Dokument“ wäre in die chinesische Sprache übersetzt worden).

Ebenso sollte die Richtlinie die praktische Relevanz anhand von Beispielen aus dem unternehmenseigenen Geschäftsalltag illustrieren, sodass die betroffenen Mitarbeiter den direkten Bezug zum Wertbeitrag verstehen. Im Idealfall sollte die Richtlinie so formuliert sein, dass diese allgemein für alle Mitarbeiter Anwendung findet.

3.2 Einladungen, Geschenke und andere persönliche Vorteile

Mitarbeiter und Führungskräfte der GEA Group dürfen persönliche Vorteile (z.B. Einladungen in Restaurants oder zu Sportveranstaltungen, Geschenke) nur annehmen, wenn nicht der Eindruck entstehen kann, von ihnen werde eine Gegenleistung erwartet. Dies gilt insbesondere, wenn Mitarbeiter oder Führungskräfte der GEA Group in absehbarer Zukunft eine geschäftliche Entscheidung zu treffen haben, die für den Gewährer des Vorteils von Bedeutung sein wird. Ob der Eindruck einer erwarteten Gegenleistung entstehen kann, hängt von den Umständen des konkreten Einzelfalls ab, insbesondere von folgenden Faktoren:

- Wert des Vorteils
- Häufigkeit, in der Vorteile gewährt werden
- Stellung des Empfängers innerhalb der GEA Group
- Soziale Üblichkeit oder gar Notwendigkeit, den Vorteil anzunehmen (z.B. Annahme von Weihnachtsgeschenken geringen Wertes von Geschäftspartnern)

Vorteile dürfen niemals heimlich angenommen werden. Mitarbeiter und Führungskräfte der GEA Group dürfen keine Geschenke annehmen, die an ihre Privatanschrift oder an Familienangehörige sowie Freunde gesandt werden. Einladungen für Ehegatten und Familienangehörige können nur in Ausnahmefällen angenommen werden. Bargeld oder Bargeldäquivalente (z.B. Gutscheine) können in keinem Fall angenommen werden.

Beispiele:

- Ein Lieferant lädt Sie und ihren Ehepartner zur Eröffnung eines neuen Werkes ein. Nach der Eröffnungsfeier findet ein Abendessen mit Tanz statt. Diese Einladung hat nur einen begrenzten finanziellen Wert und erfolgt einmalig. Es ist sozial üblich, zu Abendveranstaltungen mit Tanz Ehepartner einzuladen. Die Einladung kann angenommen werden, jedoch sollte der Vorgesetzte informiert werden, um den Eindruck von Heimlichkeit zu vermeiden.

Abb. 15: Beispiel Anti-Korruptions-Richtlinie der GEA AG (Auszug)[32]

[32] Quelle: *GEA AG* (2007), S. 9.

Alle Elemente sollten durch **operative Compliance-Dokumente** bestmöglich unterstützt werden. In dieser Funktion arbeitet die Compliance-Abteilung als eine Art „Service-Provider", die die einzelnen Vorgaben und Richtlinien pragmatisch, aber genau in die Wertschöpfungskette effektiv und effizient eingliedern. Solche Dokumente könnten bspw. Master-Service-Agreements, Checklisten, Vertragsklauseln, Vorlagen, Beispieldokumente, Kommunikationselemente sein.

3.2. Mitarbeiterschulungen, Trainings und Compliance-Awareness

Integritäts- und Compliance-Systeme verfolgen i.W. das Ziel der nachhaltigen Risikoverhinderung bzw. -minimierung für die im Unternehmen essentiellen Compliance-Risiken. Ihre Umsetzung im Wertschöpfungsprozess durch die Prozess-Owner und die Mitarbeiter ist somit einer der essentiellen Faktoren einer Compliance-Organisation. Demzufolge ist die Sensibilisierung und Aufklärung zu diesem Thema von besonderer Bedeutung.[33]

Eines der effektivsten Medien zur Wissensvermittlung sind Mitarbeiterschulungen/Trainings, die in unterschiedlichster Tiefe und Form stattfinden können. Im Regelfall obliegt die Organisation, Durchführung und Kontrolle der Compliance-Trainings der Compliance-Organisation – Personalabteilungen sind jedoch in der Regel mit der Materie der verhaltensökonomischen Vermittlung von Compliance-Trainings wenig vertraut. Aus diesem Grunde wird im Wesentlichen die Organisation, Durchführung und Kontrolle auch in der Verantwortung der Compliance-Organisation verbleiben.[34]

Zur wirksamen Umsetzung eines Compliance-Trainings gehört eine umfassende Planung, Steuerung und Kontrolle des Konzepts und des Gesamtprojekts. Folgt man diesem Ansatz, werden einerseits die Effektivität der Risikoreduktion erhöht und anderseits monetäre Aufwendungen durch Folgekommunikation, Prüfungen etc. im Idealfall gesenkt. Zu einer Gesamtprojektplanung von Compliance-Trainings können folgende Projektbausteine definiert werden:

Trainingsplanung

Im Rahmen der Trainingsplanung werden seitens der Projektorganisation die essentiellen Elemente für ein umfassendes und effektives Compliance- und Wertetraining definiert. Hierbei sind folgende Grundelemente zu überdenken:

Risikobereich:

Das Training sollte sich einem spezifischen Inhalt/Risikobereich widmen (bspw. Unternehmenswerte/Code of Conduct, Anti-Korruption, Kartell). Aus der Definition des Risikobereiches lassen sich dementsprechend auch Rückschlüsse auf alle folgenden Elemente ziehen. Anzumerken sei, dass ein Unternehmen auch im Bereich Training eine Priorisierung durchführen sollte. Eine „Überfrachtung" an Themen und Inhalten führt bei den Trainingsteilnehmern eher zu einer Ablehnung und einem „Überwachungs- und Kontroll"-Gefühl. Demzufolge sollte der Umfang des spezifischen Risikobereiches konkret und überlegt sein.

---

[33] Vgl. *Grüninger* (2009), S. 55 ff.
[34] Vgl. *Kleinfeld/Müller-Störr* (2009), S. 399 ff.

Abb. 16: Projektablaufplan eines effektiven Compliance-Trainings

Umfang (Teilnehmerkreis):

Je nach Teilnehmerkreis kann zwischen unterschiedlichen Risiken differenziert werden („Risk Owner"). So bietet sich bspw. für die Bereiche Einkauf und Vertrieb ein konzentriertes Anti-Korruptionstraining an, da in sog. „sensitiven Funktionen" das Korruptionsrisiko höher ist als in anderen Unternehmensbereichen. In diesem Kontext ist es erforderlich, ein abgestuftes Trainings- und Informationsprogramm zu erarbeiten (einzelne Mitarbeiter werden umfassend geschult, andere werden nur informiert etc.).

Umfang (Lokationen):

Hierneben sollte insb. bei international agierenden Unternehmen abgewogen werden, wie Mitarbeiter in Tochtergesellschaften, Beteiligungen etc. integriert werden. Der sich daraus ergebende Aufwand der konkreten Trainingsumsetzung kann dementsprechend umfangreich sein (bspw. Sprachen, Risiken, Gesetze/Standards).

Hinweis:

Bei Konzernen/Gesellschaften mit Auslandsgesellschaften sollten die Trainings möglichst in lokaler Sprache abgehalten werden (inkl. direkten Bezug auf die jeweilige Zielgruppe), um das Verständnis über Compliance, Integrität bzw. die Risikobereiche transparent und plastisch zu erklären.

Trainingsform:

Die Trainingsform und Methodik kann in unterschiedlichster Art gewählt werden. In einem ersten Schritt ist zu evaluieren, welche Vermittlungsform für welche Zielgruppe ideal für die Vermittlung geeignet ist und inwieweit diese Trainings in einem Kosten-Nutzen-Verhältnis stehen.

Einerseits bieten sich **Präsenztrainings** an, in denen die Zielgruppen in einem direkten Training über Risiken, Prozesse, Kontrollen informiert werden. Solche Trainings lassen einen gewissen Umfang an Interaktion zu (Fallstudien, Queries usw.). Dies hat insb. zur Folge, dass es zu Diskussionen kommen kann, wo Risiken selbst kritisch reflektiert werden. Ebenso bieten solche Trainings die Möglichkeit, einen persönlichen „Tone from the Top" zu setzen, indem Leitungsfunktionen eine Einführung in solche Trainings bieten.

Demgegenüber können **eLearnings** eine Alternative zu Präsenztrainings darstellen, wobei Mitarbeiter an ihren PCs Trainingsmodule erlernen können. Hierbei ist eine internationale Anpassung inkl. Roll-out in der Regel einfacher durchsetzbar als ein globales Präsenztrainings-Konzept. Ebenso ist natürlich eine Erfolgskontrolle möglich, was den direkten Erfolg und das Verständnis messbar macht. Hierbei besteht jedoch die Gefahr der „Pflichtübung" bei Mitarbeitern. Demzufolge ist ein eLearning-Trainingskonzept sehr intensiv zu planen und zu kommunizieren.[35]

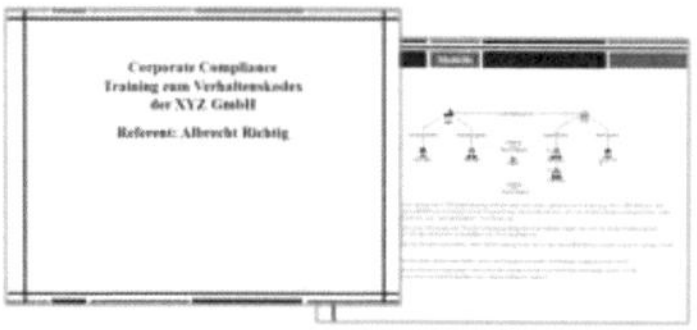

Vorteile von Präsenztrainings
- Interaktive Schulung mit Diskussionen, Fallstudien und Fragerunden
- Direktes Feedback
- Direkte Beantwortung von Fragen
- Intensivierung des „Tone from the Top"
- Stärkung der Compliance-Wahrnehmung

Nachteile von Präsenztrainings
- Zeitintensiv
- Kostenintensiv

Vorteile von WBTs
- Schnell implementierbar
- Inhalt ist individuell und einfach anzupassen
- Einfache Übersetzung in lokale Sprachen
- Erfolgskontrolle möglich

Nachteile von WBTs
- Wahrnehmung von WBTs kann sich zu einer „Pflichtübung" entwickeln
- Keine Interaktion möglich
- Kein direkter „Tone from the Top"

Abb. 17: Vor- und Nachteile von Präsenztrainings sowie webbasierten Compliance-Schulungen

Zeitlicher Umfang:

Im Bereich des zeitlichen Umfangs sollte die Gesellschaft sich umfassend über den Zeithorizont des Einzeltrainings Gedanken machen. Insb. bei einem internationalen Trainings-Roll-out sollte die notwendige Zeit für die Vorbereitung der Schulungen, der Trainer, der Einzeltrainingsorganisation etc. nicht unterschätzt werden. Auf der anderen Seite ist insb. zu berücksichtigen, welche Tiefe und Form das Training haben soll. So kann

[35] Vgl. von *Oertzen/Hoffmann/Oppitz* (2009), S. 418 ff.

zwischen Workshopcharakter, Vortrag, interaktiver Schulung oder eLearning ausgewählt werden. Hierneben sollte ebenso überlegt werden, wie lange ein Training zu diesen Thematiken zeitlich in Anspruch nehmen soll.

Im Rahmen der Zeitplanung kann insb. nochmals auf die Zielgruppen eingegangen werden. So kann es Bereiche der Regionen geben, die ein erhöhtes spezifisches Risiko aufweisen und demzufolge ein erhöhter zeitlicher Bedarf gesehen wird. Dies ist in einer Planung zu berücksichtigen.

Trainingsvorbereitung

Erstellung des Schulungskonzeptes:

Essentiell für den Trainingserfolg ist die ausreichende Vorbereitung der Schulungsunterlagen bzw. des Schulungskonzeptes. Über den Inhalt sollte veranschaulicht werden, warum ein Mitarbeiter sich mit diesem Thema auseinandersetzen sollte, den Inhalt umfassend verstehen und antizipieren. Die Erfolgskontrolle kann durch kleinere Fallstudien oder Kontrollfragen erhöht werden. Ein Vorschlag einer Trainingskonzeption könnte folgendermaßen aussehen.

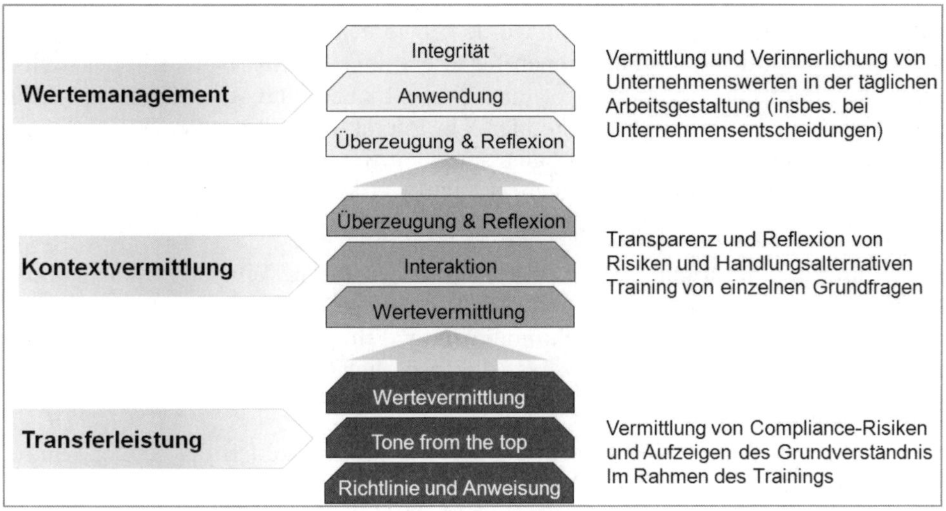

Abb. 18: Wertevermittlungs-Kanon bei Compliance-Trainings

Sollte auf Richtlinien verwiesen werden, so ist idealerweise die Relevanz und der Geltungsrahmen anzuführen. Ebenso sollte durch lokale Expertise der jeweils gültige rechtliche Rahmen in dem jeweiligen Land seine Berücksichtigung finden. Sprachliche Anpassungen sind ebenso unabdingbar.[36] Ebenso sollte in allen Trainingsformen die Relevanz der Thematik durch einen „Tone from the Top" verstärkt werden. Bei Präsenztrainings bietet sich die Teilnahme entsprechender Führungskräfte an, die eine Einführung in das Thema durchführen.

[36] In diesem Falle werden in der Regel Rechtsanwaltsgesellschaften und spezialisierte Wirtschaftsprüfungsunternehmen eingebunden.

Hinweis:
Es ist essentiell für den Lernerfolg sowie für die Durchsetzung von Compliance und Integrität, dass die Unternehmensleitung eine Rolle im Rahmen von Compliance-Trainings wahrnimmt. Über diesen Kanal kann die Relevanz des Themas in die Organisation getragen werden.

Trainerbestimmung / Train the Trainer

Auch die Trainerbestimmung beeinflusst den Erfolg eines Compliance-Trainings (i.W. bei Präsenztrainings). Hier sollte sichergestellt werden, dass ausgewählte Trainer einerseits über die internationale und nationale Fachkenntnis zu dem entsprechenden Thema verfügen, dieses entsprechend den Anforderungen an Qualität in der Gesellschaft vortragen und vermitteln können und ebenso über die sprachlichen Fertigkeiten verfügen. Auch sollte in diesem Kontext eine Einheitlichkeit an Präsentation und Aussage zu den Kernbotschaften geschaffen werden. Hierfür bieten sich entsprechende Train-the-Trainer-Konzepte an.

Trainingsorganisation

Im Rahmen der Trainingsorganisation werden entsprechende Lokationen, Handouts etc. bzw. Trainings-Roll-out-Organisationen für eLearnings durchgeführt. Hierbei stellt die vollständige Erfassung der Zielgruppe einen wesentlichen Punkt dar. Zur Sicherstellung des regelkonformen Verhaltens sollte hier – in Interaktion mit der Personalabteilung – die richtige Zielgruppe definiert und angesprochen werden. Nur so kann eine effektive Umsetzung in den Risikobereichen sichergestellt werden.

Projektcontrolling/-monitoring

Die Trainingsdurchführung(en), die Anmeldungen zu den jeweiligen Trainings und das Organisieren von Ersatzterminen und Neu-Einladungen etc. ist ein notwendiger Bestandteil des kontinuierlichen Projektmonitorings. Eine stetige Bearbeitung und Adaptierung des gesamten Trainingskonzepts ist erforderlich.

Follow-up-Vorbereitungen

Im Nachgang zu dem Training sollten einerseits Möglichkeiten der Erfolgskontrolle (Testfragen) oder auch Feedback-Möglichkeiten gegeben werden, aus denen sich Verbesserungspotenziale für weitere Trainings ableiten lassen.

Trainingsdurchführung

In dieser Phase wird das Trainingskonzept (Präsenz- oder eLearning-Konzept) an den entsprechend identifizierten Teilnehmerkreis ausgerollt.

Trainingsmonitoring, -dokumentation und Erfolgskontrolle

Die Durchführung der Einzelmaßnahmen im Bereich Training sollten in einer strukturierten Form zentral dokumentiert werden (z.B. Trainingsinhalte, Teilnehmer-Nachweise, Trainer). Die entsprechenden Teilnehmernachweise sollten in schriftlicher Form erfolgen, sodass auch für die Teilnehmer die Wichtigkeit der Thematik erkannt werden kann. Hierneben kann diese Trainingsorganisation und Teilnahme als Nachweis für eine effektive Durchführung von Compliance-Maßnahmen dienen.

Strategische Trainingsplanung

Nichtsdestotrotz sollten Compliance-Trainings strategisch betrachtet werden. Auf Basis des vorangegangenen Ansatzes ist zu erkennen, dass Risiken und Thematiken einzeln und nacheinander angegangen werden sollten. Auf dieser Basis sollte sich die Compliance-Organisation einen strategischen Mittelfrist-Plan zur Durchführung von Compliance-Trainings und -Informationen erstellen. Des Weiteren ist natürlich sicherzustellen, dass Neueinstellungen, Personen mit Stellenwechsel (interner Wechsel oder Beförderungen) sowie essentielle Risikoträger aus dem externen Bereich (bspw. Handelsvertreter, vertriebsbezogene Berater) in ein solches Trainingskonzept eingebunden werden, sodass das gesamthafte Risiko nachhaltig reduziert werden kann.

3.3. Beratungsfunktion/Konsultationen

Die Reputation der Compliance-Organisation korreliert stark mit der Interaktion und dem Auftreten innerhalb der Gesellschaft – einerseits sollte die Abteilung die zwingend notwendigen Regeln mit entsprechenden Nachdruck und der „Zero Tolerance“ in einem Unternehmen festigen, andererseits darf sich die Compliance-Organisation nicht zum mentalen „Geschäfts-Verhinderer“ entwickeln.

Hierbei darf es nicht geschehen, dass die Compliance-Organisation zum Hauptverantwortlichen für operative Entscheidungen gemacht wird. Sicherlich ist es notwendig, dass Compliance in essentielle Unternehmensentscheidungen (strategisch und operativ) zu einem gewissen Maße eingebunden wird, deren Auswirkungen ein gewissen Compliance-Risiko bergen – nichtsdestotrotz sollte die Verantwortung der Entscheidung bei dem Fachbereich oder dem Risk Owner verbleiben.

Im operativen Geschäftsablauf eines Unternehmens spielt Compliance eine beratende Rolle und spricht Empfehlungen aus. Dies steigert insb. die Akzeptanz und Wahrnehmen der Compliance-Organisation im Gesamtkonzern. So sollte der Compliance-Verantwortliche nicht nur seine Kritiken oder Ablehnungen zu einzelnen Sachverhalten oder Themen äußern, sondern integrativ in den Prozess eingebunden werden und Möglichkeiten aufzeigen, wie einzelne Geschäftsaktivitäten pragmatisch und compliancekonform umzusetzen sind (bspw. im Umfeld Sponsoring, Kundenbeziehungspflege, Go-to-market).

3.4. Incentivierungsfunktionen

Fraud-Prävention und Compliance-Incentivierung bilden einen der wesentlichen Grundpfeiler des effektiven Integritäts- und Wertemanagement. Über die Identifikation mit Unternehmenswerten und compliancekonformen Verhalten kann das individuelle Risiko – neben dem Rahmenwerk in Form von Regeln und Richtlinien – innerhalb einer Gesellschaft maßgeblich reduziert werden. Die Identifikation mit der Unternehmenskultur wird hierbei in verschiedenen Tiefen beeinflusst:[37]

---

[37] Vgl. *Baetge/Mechler/Schmidt* (2010), S. 357 ff.

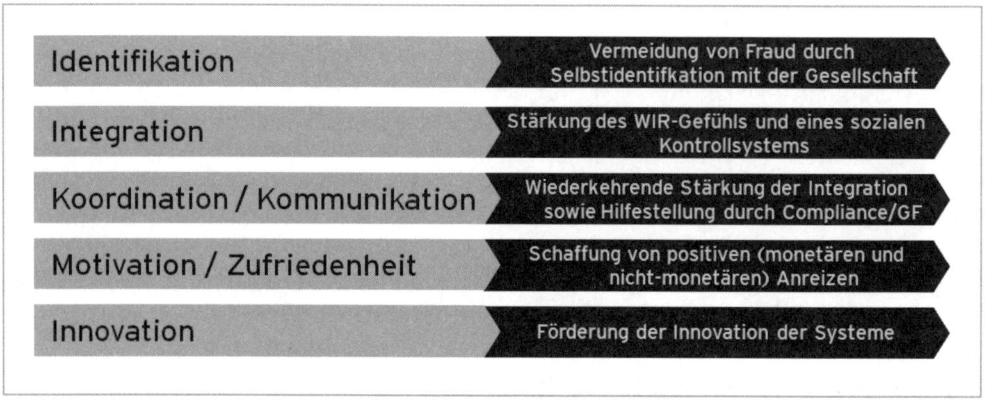

Abb. 19: Tiefen der Werteverankerung[38]

Die Incentivierungsfunktion von Compliance wird in der Literatur und auch von Unternehmen oftmals kritisch gesehen, da der Kerngedanke falsch verstanden wird. Mit Incentivierung sind richtigerweise variable Bestandteile einer Honorierung (in der Regel Entlohnung) gemeint, welche durch ein individuales Verhalten oder eine Zielerreichung beeinflusst werden. Des Weiteren kann die kurzfristige und die auf spezifische Kennzahlen ausgerichtete variable Honorierung den Willen der Zielerreichung maßgeblich beeinflussen und zu Fehlverhalten führen.[39]

Die Diskussion über die Notwendigkeit solcher Incentivierungselemente resultiert aus internationalen Standards, die auf die Grundtypen verweisen:

US Federdal Sentencing Guidelines Manual – § 8 B 2.1

„The organization's compliance and ethics program shall be promoted and enforced consistently throughout the organization through
(A) appropriate incentives to perform in accordance with the compliance and ethics program; and
(B) appropriate disciplinary measures for engaging in criminal conduct and for failing to take reasonable steps to prevent or detect criminal conduct."

Australian Standard – Compliance Programs (AS 3806–2006)

Principle 8 „Behaviours that create and support compliance are encouraged and behaviour that comprise compliance are not tolerated"
4.3.2: Compliance Culture (excerpt)
(f) Introduction of a Program that emphazizes compliance and the organization's values
(i) Performance appraisal system that includes the assessment of compliance behaviour (..)
(j) High visible rewarding of Compliance behavior

[38] Vgl. ebenda (2010), S. 358 ff.
[39] Vgl. *Schweikert/Grüninger* (2012), S. 82 f.

ComplianceProgramMonitorZfW

„Darüber hinaus sollten auch positive Anreize für die Einhaltung des Business Conduct Compliance-Programms bzw. für dessen erfolgreiche Implementierung im Verantwortungs- und Einflussbereich von Managern gesetzt werden. Im Rahmen des Zielvereinbarungs- und Leistungsbewertungsprozesses von Führungskräften sollten Ziele enthalten sein, die sich auf die Grundwerte des Unternehmens und das Business Conduct Compliance-Programm beziehen. Das Unternehmen soll ferner die Einhaltung der Grundwerte und der Verhaltensstandards als eine Bewertungsgrundlage in die Leistungsbewertung und die Kompensationssysteme integrieren."

Im Bereich Compliance-Incentivierung ist keinesfalls die Honorierung von compliancekonformem Verhalten gemeint. Vielmehr ist es das Ziel, dass spezifische Personen bzw. Personengruppen Einzelziele im Bereich Compliance als Vorgabe erhalten (bspw. Trainingsquoten im Verantwortungsbereich, Überarbeitung von Verträgen mit entsprechenden Klauseln, Zufriedenheitsstatistiken). Die Zielerreichung dieser Compliance-Elemente soll gemäß dieser Vorgabe incentiviert werden.

Auf der Gegenseite sollten – sofern arbeitsrechtlich durchsetzbar – gezieltes Fehlverhalten einen Einfluss auf die variable Vergütung haben.

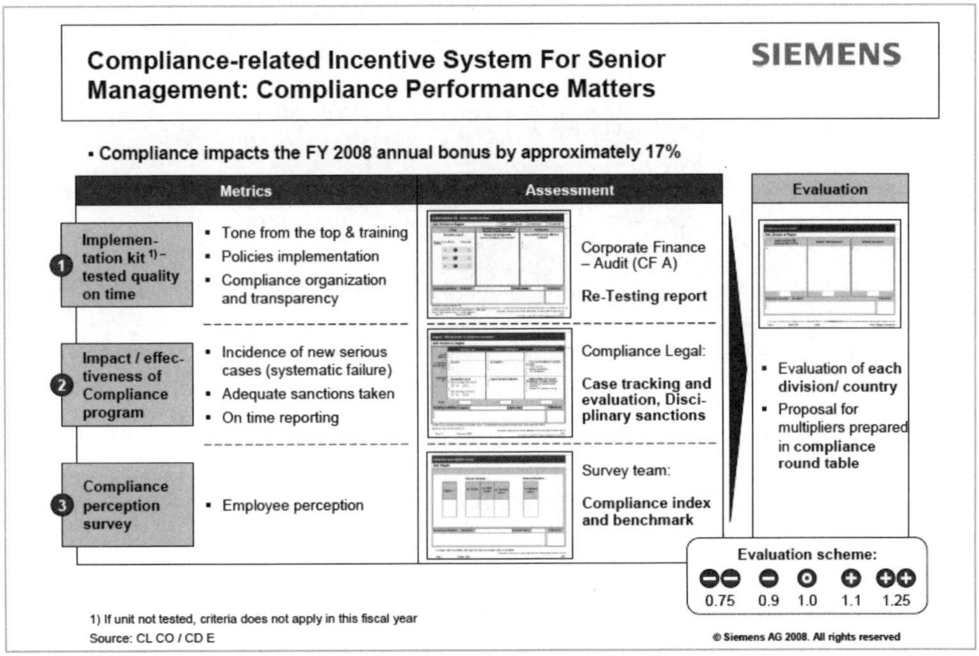

Abb. 20: Messung der Zielerreichung im Bereich Compliance[40]

[40] Vgl. *Pohlmann* (2008), S. 19.

Aus Compliance-Gesichtspunkten ist es demzufolge dringend notwendig, die variable Vergütung einer Analyse zu unterziehen. Aus Compliance-Sicht können dysfunktionale Ziele im sensitiven Funktionsbereichen zu einem Unternehmensrisiko führen; daher ist es erforderlich, diesem System einen entsprechend ausgewogenen Anteil von Risikominimierung anzupassen (bspw. zu starke Ausrichtung an Einzel-Sales-Zielen, Einbeziehung von Compliance-Reviews zu Verträgen). Die Vergütungsvariablen können hierbei unterschiedliche Tiefen und Komponenten berücksichtigen:

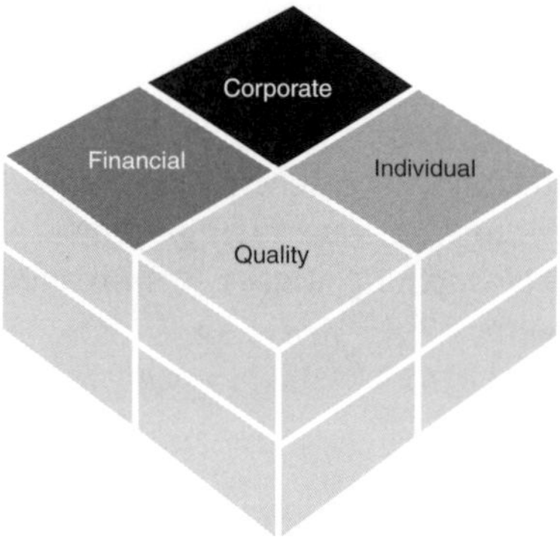

Beeinflussung der Unternehmenskultur durch positive Anreize
(Monetäre Anreize/
Elemente der variablen Leistungsvergütung)

- **Corporate:**
  Unternehmensweite messbare Ziele (bspw. Konzernergebnis, Gesellschaftsergebnis, etc.);
- **Financial:**
  Persönlich messbare Kennzahlen (bspw. Umsatz, Marge, etc.);
- **Quality:**
  Nicht-finanzielle persönliche Kennzahlen (bspw. Zufriedenheit, Qualitätsstandards, etc.);
- **Individual:**
  Persönliche Ziele der jeweiligen Zielvereinbarung (bspw. Fortbildungen, Trainer, soziale Engagements, Innovationsvorschläge, etc.).

Abb. 21: Tiefen einer variablen Vergütung[41]

Als Beispiel ist hier z.B. die Deutsche Telekom AG anzuführen, die die Grundwerte von Integrität im Personalprozess verankert hat und als Personalinstrument nutzt.[42]

41 Vgl. *Baetge/Mechler/Schmidt* (2010), S. 357 ff.
42 Vgl. *Deutsche Telekom AG* (o.A.), o.S.

4. Früherkennung

Die zweite tragende Säule des Compliance-Hauses ist der Pfeiler „Früherkennung". Compliance kann nicht ausschließlich auf Prävention ausgerichtet sein, sondern hat auch die Aufgabe, Compliance-Risiken möglichst früh zu identifizieren und zu minimieren. Dazu gibt es eine Vielzahl von Möglichkeiten, wobei wir in diesem Buch auf die unseres Erachtens wesentlichsten Maßnahmen eingehen werden:

- Klassische Risikoanalyse
- Risikoanalyse anhand strukturierter elektronischer Daten
- Hinweisgebersystem
- Integrity-Barometer
- Compliance Audits

4.1. Klassische Risikoanalyse

Wie das Risikomanagement selbst hat auch CMS für seine Bereiche eine entsprechende Risikoanalyse vorzunehmen und danach die entsprechende Grundausrichtung für das weitere Handeln zu legen. Sollte in einem Unternehmen Risikomanagement schon entsprechend verankert sein, so empfiehlt sich, dieses Know-how, Ressourcen, aber auch Tools für Compliance zu nutzen. Grundlegende Frage ist an erster Stelle der Umfang der Compliance-Risikoanalyse:

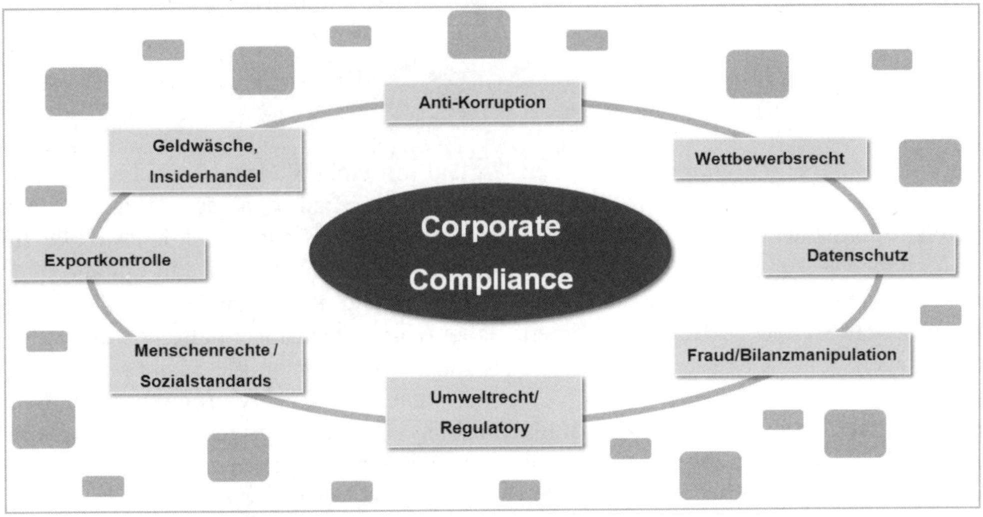

Abb. 22: Risikospektrum Compliance

Das Risikospektrum ist hierbei nicht vollumfänglich dargestellt. Es stellt lediglich eine Auswahl signifikanter und in der Regel weit verbreiteter Compliance-Risiken dar. Dabei sind Einzelrisiken ggfs. nicht auf den ersten Blick für ein Unternehmen relevant. Jedoch können Risiken wie Exportkontrolle/Sanctions sowie Geldwäsche auf Basis des Geschäftsmodells und der internationalen Ausprägung eine signifikante Relevanz erhalten.

Die Risikoanalyse selbst wird durch unterschiedlichste unternehmensinterne und -externe Faktoren beeinflusst. Hierfür bietet die „Guidance about procedures which relevant commercial organisations can put into place to prevent persons associated with them from bribing" des UK Bribery Acts eine gute Übersicht, was zu berücksichtigende Faktoren im Rahmen einer Risikoanalyse sein können.[43]

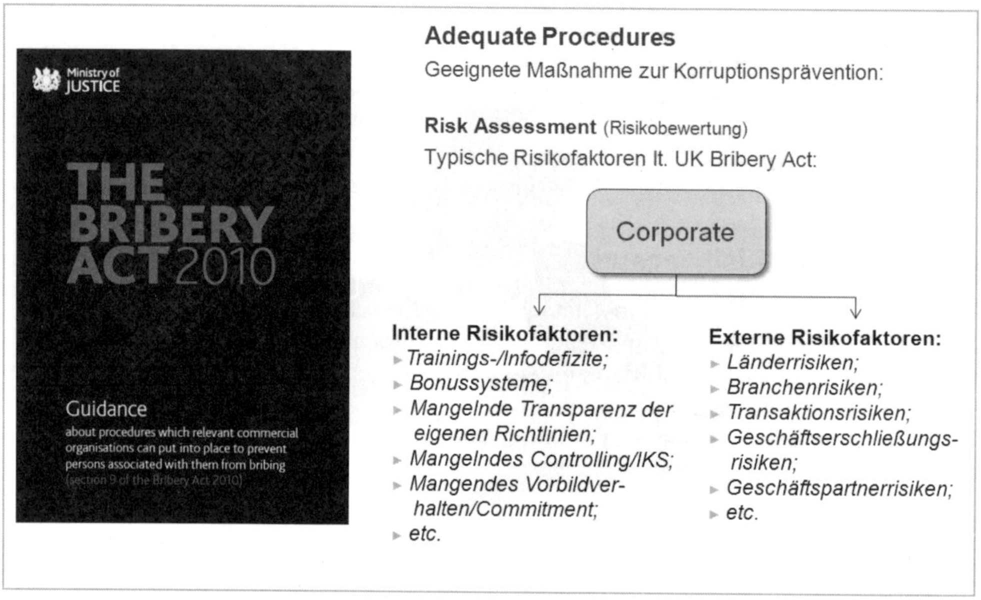

Abb. 23: Risikofaktoren lt. UK Bribery Act

Da man im aktuellen unternehmerischen Umfeld mit einer Vielzahl von Gesetzen und Regelungen konfrontiert ist, ist man gezwungen, die Risikoanalyse möglichst exakt durchzuführen, weil man sich im alltäglichen Berufsleben ausschließlich auf die für Compliance wesentlichen Risiken konzentrieren wird können. Es ist in einem ersten Schritt daher eine entsprechende Risikoklassifizierung nach der Methodologie des COSOII, DRS5 bzw. DIIR vorzunehmen. Dabei wird zunächst nach internen und externen Risiken unterschieden. In weiterer Folge differenziert man die Risiken nach Managementprozessen (Wettbewerber, Umwelt, Regulierer/Rechtsverfahren, Genehmigungen, Beteiligungen, Investments und Kontrollsysteme), operativen Prozessen (Lieferanten, Kunden, Produkte, Fertigung, Patente, Umweltmanagement, Gewährleistung/ Haftung, Steuerungssysteme) und Support-Prozessen (Logistik/Lager, Finanzen, Personal, IT-Verfügbarkeit, Bestände).[44]

Das Risikospektrum ist in aller Regel nicht anders als im Rahmen des Risikomanagements. In diesem Prozess werden einzelne Compliance-Risiken im Hinblick auf eine Eintrittswahrscheinlichkeit und im Hinblick auf den möglichen einzutretenden Schaden

---

[43] Vgl. *Ministry Of Justice* (2011), S. 25 f.

[44] Vgl. *Peemöller/Kregel*, Grundlagen der Internen Revision, S. 199.

beurteilt. Wesentlich hierbei ist, dass sich diese Elemente lediglich qualitativ ableiten lassen. Eine Quantifizierung von Compliance-Risiken in einer exakten Bewertung ist nicht sonderlich zielführend.

Im Rahmen der Risikoerhebung bieten sich unterschiedlichste Vorgehensweisen und Zielnehmergruppen an. Compliance-Risikoanalysen, die mit den wesentlichen Prozess-Ownern durchgeführt werden, sind in aller Regel von der Qualität und der Aussage werthaltiger als Self-Study-Risikoanalysen oder auch nur Top-Level-Workshops. Es wird empfohlen, dass mit den Kernprozessträgern der unternehmensindividuellen Wertschöpfungskette sowie den wesentlichen Corporate Functions Gespräche geführt werden, die die aktuellen Prozesse und Prozessrisiken im Hinblick auf bestehende Compliance-Risiken hinterfragen und im direkten Schritt bereits die bestehenden mitigierenden Maßnahmen (Informationen, Kontrollen etc.) erfassen. Dies können bspw. sein:[45]

- Vertrieb/Sales und Marketing
- Einkaufsfunktion
- Interne Revision
- Risikomanagement
- Finanz-/Rechnungswesen/Controlling
- Personalwesen
- Rechtsabteilung
- IT

Ebenso ist es zu empfehlen, zeitnah Funktionsträger wie bspw. Datenschutz, HSE[46] oder auch den Betriebsrat in solche Prozesse einzubinden und auch hier explizit die Risikowahrnehmung und die Erwartungen an die Compliance-Funktion/Programm abzufragen.

Ebenfalls essentiell ist es, eine Vergangenheitsbetrachtung im Unternehmen durchzuführen. Hierbei ist insb. auf mögliche Compliance-Verstöße der Vergangenheit einzugehen und eine strukturelle Analyse dieser im Rahmen der Compliance-Risikoanalyse zu machen. Ebenfalls sollten Risikoberichte, Revisionsberichte, Risk-Management-Erkenntnisse etc. im Rahmen der Analyse berücksichtigt werden.[47]

Einer der Erfolgsfaktoren im Rahmen der Risikoerhebung sind allerdings das Involvement von Geschäftsführung/Vorstand und die Evaluierung der Risiken auf Top-Level. Dies fördert auch insb. das Commitment der Führungskräfte innerhalb eines solchen Programms.

Hat man all diese Risiken erfasst, sind die wesentlichen Risikopotentiale zu ermitteln und entsprechend zu quantifizieren. Dazu eignet sich beispielsweise die Erstellung einer Risikomatrix. Anhand dieser ist dann einfach die Entscheidung zu treffen, in welchen Bereichen tätig zu werden ist bzw. auf welche besonderes Augenmerk gelegt werden sollte.

---

45 Es ist insb. zu berücksichtigen, dass sich solche Interviews auf verschiedene Branchen/Teilgesellschaften von unterschiedlichen Branchen innerhalb des Konzerns beziehen. Des Weiteren sollte eine ausreichende internationale Deckung (insb. in Hochrisikoländern) geschaffen werden, um die Vollumfänglichkeit der Risikoanalyse sicherzustellen.

46 Health, Safety and Environment (oder auch Arbeitsschutz/Sicherheit).

47 Siehe bspw. auch *Görling/Indest/Bannenberg* (2010), S. 135.

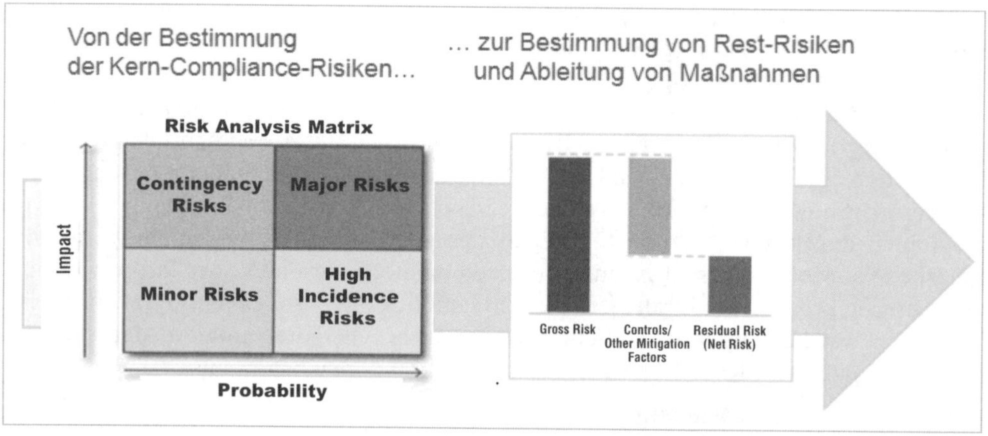

Abb. 24: Der Analyseprozess von Compliance-Risiken

Die Gesamtrisiko-Analyse sollte ausreichend und strukturiert dokumentiert sein und die folgenden Komponenten enthalten:

Zusammenfassung des Vorgehens im Rahmen des Compliance-Risk-Assessments (Prozess und involvierte Personen, Abteilungen, Regionen etc.)

- Compliance-Risikomatrix (Zusammenstellung aller wesentlichen identifizierten Compliance-Risiken sowie eine Erläuterung, welche Risiken nicht zu den Kernrisiken zählen)
- Erläuterung der Kern-Compliance-Risiken im Hinblick auf (qualitative) Eintrittswahrscheinlichkeit und potenzielle (qualitative) Schadenshöhe auf Konzernebene (Mega-Risiken)
- Erläuterungen der Residualrisiken auf Konzernebene (Mega-Risiken) und Vorstellung der notwendigen mitigierenden Maßnahmen zur Erreichung eines akzeptablen Residualrisikos
- Erläuterung der Kern-Compliance-Risiken im Hinblick auf (qualitative) Eintrittswahrscheinlichkeit und potenzieller (qualitativen) Schadenshöhe in bestimmten Prozessen/Abteilungen/Regionen/etc. (Sub-Risiken)
- Erläuterungen der Residualrisiken in bestimmten Prozessen, Abteilungen, Regionen, etc. (Sub-Risiken) und Vorstellung der notwendigen mitigierenden Maßnahmen zur Erreichung eines akzeptablen Residualrisikos
- Vorstellung eines Zeitplans für die Umsetzung der identifizierten Maßnahmen
- Definition von Action-Ownern (incl. Monitoring und Reporting)

Das Ergebnis der Risikoanalyse sollte stets mit den Unternehmensorganen abgestimmt und freigegeben sein (in dokumentierter Form).

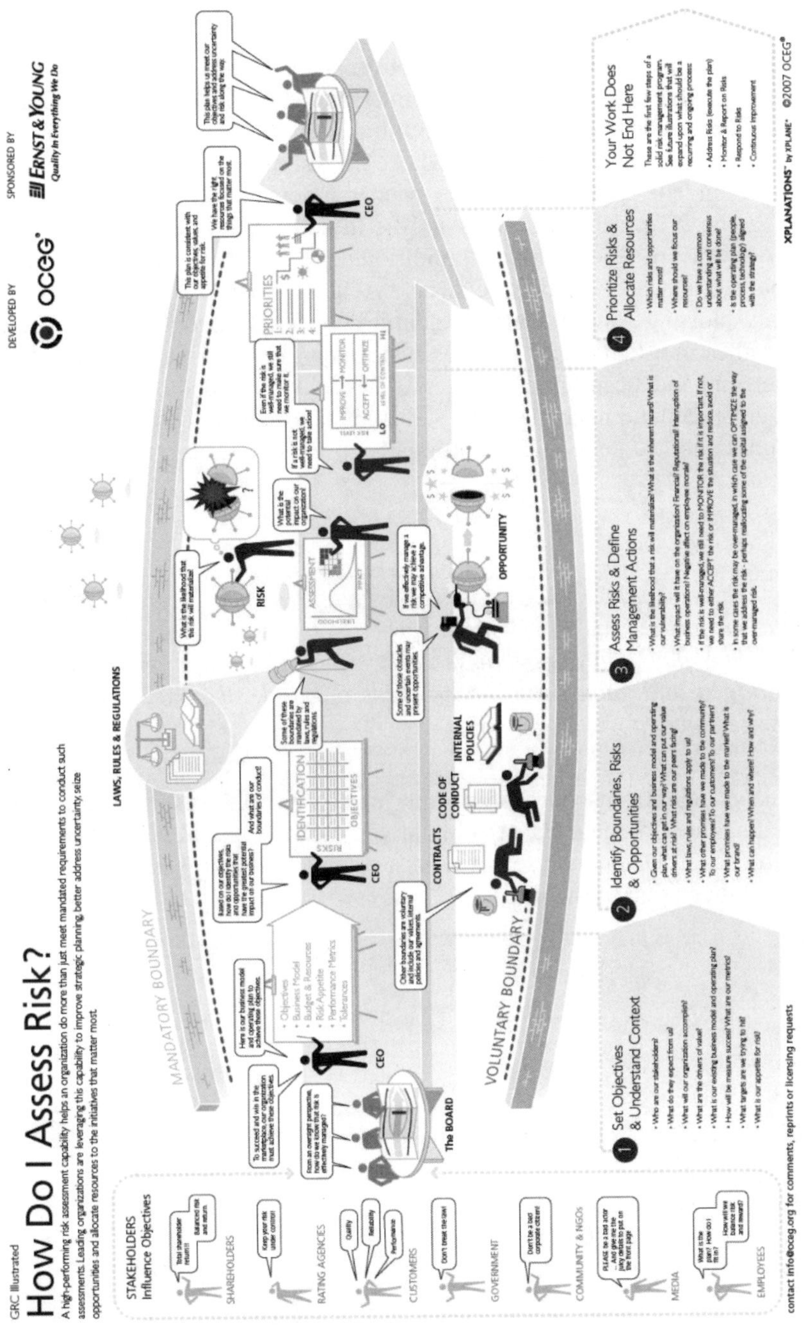

Abb. 25: „How Do I Assess Risk?"-Prozess nach *OCEG/Ernst & Young*[48]

---

[48] Vgl. *Open Compliance and ethics group/Ernst & Young* (2007), o.S.

4.2. Risikoanalyse anhand strukturierter elektronischer Daten

Jedes Unternehmen hat eine Vielzahl elektronischer Daten. Oft werden diese Daten nicht optimal genutzt. Aus Compliance-Sicht erscheint es jedenfalls sinnvoll und zweckmäßig, sich insbesondere auch mit den strukturierten elektronischen Daten (z.B. Buchhaltungsdaten) auseinanderzusetzen und diese im Rahmen der Früherkennung auch entsprechend zu nützen. Auch hier gibt es wieder unterschiedlichste Möglichkeiten und Vertiefungsgrade. Von der einfachen Analyse in den Kernsystemen selbst (z.B. Erstellung einer Auswertung über Zahlungskondition der Kunden) über die Anwendung einer Standardanalysesoftware wie beispielsweise ACL[49] oder IDEA[50] über SQL bis hin zu großen Analyselösungen, wie sie unter anderem von SAS[51] oder SPSS[52] angeboten werden, ist hier alles möglich. Egal, welches Instrument man letztlich einsetzt, Zielsetzung ist es immer, anhand bestimmter Muster Risikofelder zu identifizieren, einzugrenzen und diesen entsprechend nachzugehen. Selbstverständlich hat das gewählte Tool jedenfalls revisionssicher zu sein (die Ursprungsdaten dürfen nicht mehr verändert werden können).

Hinweis:

Excel scheidet als Analysetool jedenfalls aus. Die Praxis hat leider bestätigt, dass in Tools ohne entsprechende Revisionssicherheit sehr oft unbewusste Fehler gemacht werden, welche die Analyseergebnisse verfälschen. Dies endet meist in unangenehmen Situationen und kann dazu führen, dass dieses Risikoanalyseinstrument nicht mehr ernst genommen wird.

Jegliche Analyse elektronischer Daten kann jeweils nur als Ausgangspunkt für weitere Prüfungsmaßnahmen dienen. Es ist schlichtweg nicht möglich, anhand der Ergebnisse einer elektronischen Datenanalyse eine Aussage zu treffen, ob bei einem Vorgang malversive Handlungen getätigt wurden.

---

[49] www.acl.com/?language=de.
[50] www.idea-software.de.
[51] www.sys.com.
[52] www.spss.ch.

Das Prinzip bei der Vorgehensweise stellt sich wie folgt dar:

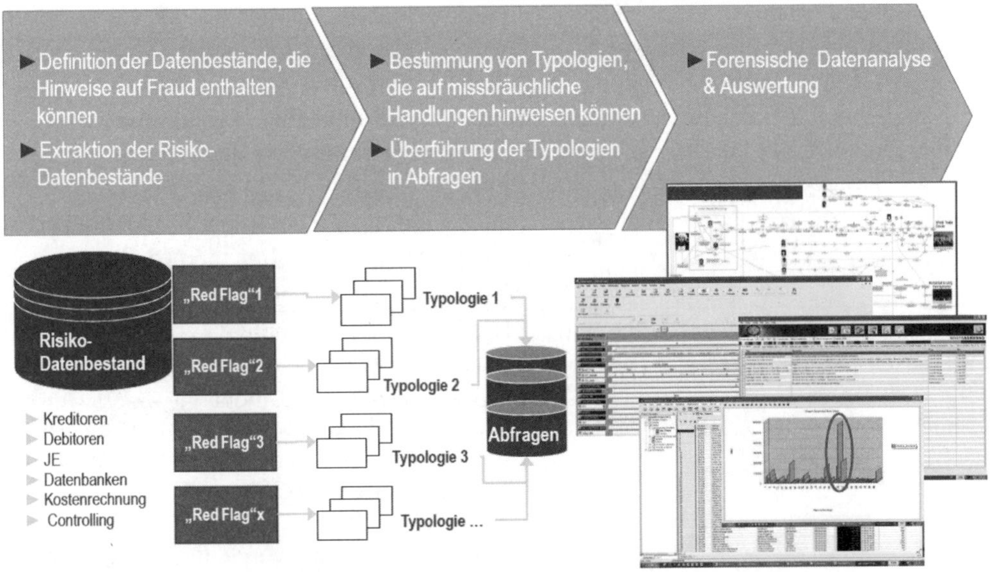

Abb. 26: Analyse strukturierter Daten

Ausgangspunkt jeder elektronischen Datenanalyse ist eine Bestandsaufnahme der vorhandenen Daten und eine Analyse, inwieweit diese Daten Aussagen über mögliche Compliance-Verstöße liefern können. Hat man sich ein Bild darüber gemacht und entschieden, welche Daten von Relevanz sein könnten, geht man daran, diese Daten je nach gewählter Methodologie weiter zu analysieren. Im Idealfall bedient man sich dabei eines externen Tools. Es wird empfohlen, diesbezüglich jedenfalls Tools wie ACL oder IDEA zu nützen. Diese sind kostengünstig, effizient und äußerst flexibel einsetzbar.

Die Praxis hat gezeigt, dass der nächste Prozessschritt, nämlich die Datenextraktion aus den Systemen, in der Regel der zeitaufwändigste und daher komplexeste ist. Daher sollte man sich insbesondere im Vorfeld dieser Tätigkeit bzw., wenn man auf ein bestimmtes System zugreift, im Klaren sein, welche Daten man benötigt (welche Einschränkungen gemacht werden können). Dazu muss man natürlich auch klar definieren, was man letztlich analysieren will und welche Aussage hinter den erzielten Ergebnissen stecken soll.

Nachfolgend ist eine kleine Erstauswahl an möglichen Analysen von strukturierten Daten dargestellt. Es sei an dieser Stelle aber auch darauf hingewiesen, dass es sich hierbei nur um einen sehr kleinen eingeschränkten Bereich möglicher Analysen handelt. Letztlich bedarf es der eigenen Kreativität, aus den vorhandenen Systemen und Daten entsprechende logische Analysen abzuleiten. Als weiterführende Literatur wird dazu auch *Roger Odenthal*, Korruption und Mitarbeiterkriminalität, 2., vollständig überarbeitete und erweiterte Auflage, S. 99 ff. empfohlen.

Prüfungsfeld Journal Entries

Analysehandlung	Hintergrund
Das Belegdatum und das Datum des Geschäftsjahres stimmen nicht überein (es liegt entweder vor der Geschäftsperiode oder nach der Geschäftsperiode).	Überprüfung, ob eine periodengerechte Abgrenzung erfolgt ist bzw. ob es zu möglichen Ergebnisverschiebungen gekommen ist (Bonussteuerung von Mitarbeitern)
Buchungen, welche ohne Buchungstext durchgeführt wurden	In der Praxis tritt dieser Fall leider sehr häufig auf. Daher ist oft die Buchhaltung entsprechend anzuhalten, den Buchungen auch nachvollziehbaren Text beizufügen.
Buchungen mit auffälligen Buchungstexten	Hier wird versucht, anhand von Textmerkmalen kritische bzw. malversive Buchungen zu identifizieren. Oft hinterlassen frustrierte Buchhalter derartige Spuren im System, um sich auch entsprechend abzusichern. Es kann beispielsweise nach Texten wie „Weisung; Anweisung; Storno; Stiftung; Trust; Offshore" bzw. Namen von leitenden Angestellten etc. gesucht werden.
Buchungen an Sonn- und Feiertagen	Sollte es nicht der Unternehmenskultur entsprechen, sind derartige Buchungen ein möglicher Hinweis auf unrechtmäßige Vorgänge. Systembedingte Buchungen (sog. Batchläufe) sind von dieser Analyse im Regelfall auszunehmen.
Buchungen zu ungewöhnlichen Uhrzeiten	Wie oben hängt es auch hier von der Unternehmenskultur ab, wann Mitarbeiter überhaupt tätig sein sollten. Systembedingte Buchungen (sog. Batchläufe) sind in der Regel von dieser Analyse auszunehmen.
Ungewöhnlich hohes Buchungsvolumen eines Users	Tätigt ein User am Tag bzw. über das Jahr etc. gesehen ungewöhnlich viele Buchungen, so kann dies u.a. bedeuten, dass mehrere User dieselbe Userkennung besitzen. Dies kann auch zu Verschleierungshandlungen genutzt werden.
Ungewöhnlich wenige Buchungen mit einem hohen Buchungsvolumen	Setzt ein User sehr wenige Buchungen in Kombination mit einem hohen Buchungsvolumen ab, so sind diese jedenfalls genauer zu analysieren.

Buchungen ohne Userkennzeichnung	Werden Buchungen getätigt, in welchen der User der Buchung nicht hinterlegt, ist dies als besonders kritisch anzusehen. Einerseits sollte das System das nicht zulassen. Andererseits sind diese Buchungen hochkritisch, da nicht nachvollzogen werden kann, wer möglicherweise malversive Buchungen abgesetzt hat.
Buchungen auf gesperrten Konten	Oft gelebte Praxis im Rahmen von malversiven Handlungen ist es, sich gesperrter Konten zu bedienen, indem man diese kurzfristig bebuchbar macht und dann sofort wieder sperrt.
Ungewöhnliche Buchungskombinationen	Hiezu zählen Buchungen, welche, von der Logik einer Buchhaltung abgeleitet, auf dem ersten Anschein wenig Sinn machen, wie beispielsweise direkte Geldbewegungen zwischen Lieferanten und Kunden bzw. Abgänge von Geldkonten gegen Erfolgskonten.
Lücken im Belegnummernkreis	Auch in elektronischen Buchhaltungssystemen sind Buchungen mit einer fortlaufenden Belegnummerierung zu versehen. Sollten in den Belegnummernkreise Lücken vorhanden sein, so ist dies als kritisch zu betrachten und es kann darüber hinaus auch zu steuerrechtlichen Problemen führen.
Analyse von CPD bzw. Sammelkonten	CPD bzw. Sammelkonten eignen sich perfekt, um malversive Handlungen zu verschleiern. Daher sind insbesondere derartige Konten zu analysieren und zumindest Buchungen ab einer zu definierenden Wertgrenze stichprobenhaft zu überprüfen.
Direkte Buchungen zwischen Aufwands- und Bankkonten	Auch diese Methode eignet sich, malversive Zahlungsströme zu verschleiern. Die Vorgehensweise ist dabei wie bei den CPD-Konten dargestellt zu wählen.
Buchungen mit einem Transaktionsvolumen knapp unter Approbationsgrenzen	Identifizierung von Smurfing-Buchungen (um Genehmigungsprozesse zu umgehen, teilt man Transaktionen auf mehrere Teilbeträge auf)
Belegdatum liegt nach dem Buchungsdatum	Ein Vorgang, der eigentlich nicht möglich sein sollte. Daher sind derart identifizierte Rechnungen zu prüfen.

Erfassungsdatum liegt vor dem Belegdatum	Auch dies sollte nicht möglich sein, dafür gibt es aber eine Vielzahl von praktischen Gründen (wie beispielsweise Dauerbelege).
Buchungen auf runde Beträge lautend	Buchungen von runden Beträgen beinhalten ein erhöhtes Betrugsrisiko, da diese in der Geschäftswelt in der Regel eher seltener vorkommen (zumindest abgestellt auf eine bestimmte Wertgrenze).
Lieferanten/Kunden mit gleichlautenden Bankverbindungen	Neben dem Effekt, dass man u.a. durch diese Analyse Doppelerfassungen von Lieferanten identifiziert, kann es auch ein Hinweis auf Smurfing-Aktivitäten sein.
Kurzfristige Änderungen von Bankdaten	Diese sind im Log-File des Systems abfragbar und sind ein Hinweis darauf, dass Geldbeträge umgeleitet werden.
Abgleich der Lieferanten – Kundenbankdaten mit den Bankdaten der Mitarbeiter	Identifizierung möglicher Scheinlieferanten
Lieferanten und Kunden mit Postfachadressen	Hinweis auf mögliche Schmiergeldzahlungen u.dgl.m.
Lieferanten mit gleichlautender UID-Nummer	Wie oben
Eingangsrechnung ohne entsprechenden Auftrag	Hinweis auf Management-Overrule bzw. zumindest darauf, dass Prozesse nicht richtig eingehalten werden
Rasche Rechnungstilgung	Unternehmen streben danach, Zahlungsziele optimal auszunützen. Daher sind rasche Zahlungen nach Rechnungserhalt als ungewöhnlich einzustufen.
Ungewöhnliche Zahlungsziele	In der Regel verfügen Unternehmen über fix definierte Zahlungsziele. Entsprechende Abweichungen sind daher ein Indikator für mögliche Manipulationen.

Neben diesem bei Weitem nicht vollständigen Abriss von möglichen Prüfungshandlungen auf diesem Gebiet sei auch noch der Vollständigkeit halber die Benford-Analyse erwähnt. Benford war ein Mathematiker, der erkannt hat, dass bei einem zufällig generierten Zahlenbestand (wie er u.a. in Buchhaltungssystemen vorkommt) einzelne Ziffern statistisch gesehen in einer gewissen Häufung vorkommen. Man kann daher die Zahlen der Journal Entries einer derartigen statistischen Prüfung unterziehen und bekommt danach den Hinweis, ob das vorliegende Zahlenmaterial manipuliert wurde (wenn eine Abweichung von der Normalverteilung besteht). Sollte eine derartige Abweichung festgestellt werden, sollte man weitere Prüfungsschritte andenken bzw. zu klären versuchen, weshalb diese Abweichung besteht (z.B. systembedingt viele gleichlautenden Zahlungen von Kunden). Die Aussage, dass eine Abweichung festgestellt wurde und dass das Zahlenmaterial daher manipuliert wurde, ist ohne weitere Prüfungshandlungen nicht zulässig.

Wie oben dargestellt, hat man mit diesen Analysen die Ausgangsbasis des risikoorientierten Prüfungsansatzes gefunden. Es gilt nun, diese Ergebnisse entsprechend zu bewerten und zu beurteilen, ob und in welcher Form Compliance-Risiken bzw. malversive Handlungen bestehen bzw. identifiziert wurden und wie man diese im Idealfall minimieren bzw. klären kann.

Erstrebenswert ist es, insbesondere für diesen Früherkennungsbereich ein standardisiertes Verfahren zu entwickeln (da kostengünstig und mit Weiterentwicklung wenig zeitaufwändig). Im Idealfall entwickelt sich daraus ein kontinuierliches Risikoerkennungssytem, mit welchem man laufend potentielle Compliance-Risiken identifizieren und beurteilen kann (Continuous Monitoring).

4.3. Hinweisgebersystem

Eines der intensivsten Themengebiete ist zweifelsohne die Implementierung eines Hinweisgebersystems. Insbesondere in Österreich haftet diesem System immer noch der negative Ruf des „Vernaderns“ an. Dazu sei einleitend klargestellt:

Jedes Unternehmen (insbesondere ab einer gewissen Größe) ist laufend damit konfrontiert, von Mitarbeitern, Geschäftspartner und Kunden (oftmals anonym) Hinweise über ein mögliches Fehlverhalten eines Mitarbeiters zu bekommen. Diese Hinweise kommen entweder per Brief, per E-Mail, via Telefon oder im Rahmen eines persönlichen Gespräches und können schlichtweg nicht verhindert werden. Es kann auch nicht verhindert werden, dass derartige Hinweise kommen, selbst wenn ein Hinweisgebersystem nicht implementiert wurde. Unbestritten erscheint die Tatsache, dass ohne Hinweisgebersystem der Prozess der Entgegennahme und Bearbeitung wesentlich unstrukturierter ist und somit das Risiko in sich birgt, den Hinweisen nicht in geeigneter Form nachzugehen. Dies wiederum steigert das Haftungsrisiko des Vorstandes ungemein. Es erscheint somit völlig unverständlich, weshalb immer wieder Strömungen gegen derartige Systeme gegeben sind. Auch sei hier die Problematik des Datenschutzes vorab angesprochen. Hat man zwar kein explizites Hinweisgebersystem in einem Unternehmen implementiert, erfasst man dieses jedoch – und sei es, indem man die Hinweise in einem dafür vorgesehenen Ordner ablegt oder in ein Excel-Sheet einträgt –, betreibt man ex lege eine zustimmungspflichtige Datenanwendung. Abgesehen davon, dass kaum jemandem bewusst ist, dass dies bereits bei der Datenschutzkommission zu registrieren wäre und bis zu deren Zustimmung eine derartige Vorgehensweise eigentlich nicht zulässig ist, muss man sich auch die Frage stellen, ob auch diese Vorgehensweise letztlich nicht betriebsratszustimmungspflichtig ist. Sollte dies der Fall sein, und der Betriebsrat seine Zustimmung verweigern, was ist dann zu machen? Bedeutet das am Ende, dass das Gesetz ein pflichtbewusst arbeitendes Unternehmen an dieser Stelle schon kriminalisiert?

Es kann jedenfalls nur angeraten werden, ein geeignetes Hinweisgebersystem in einem Unternehmen zu implementieren. Sämtliche Statistiken zu dem Thema zeigen, dass derartige Systeme mit Abstand als das effektivste Mittel auf dem Gebiet der Prävention und Früherkennung anzusehen sind.

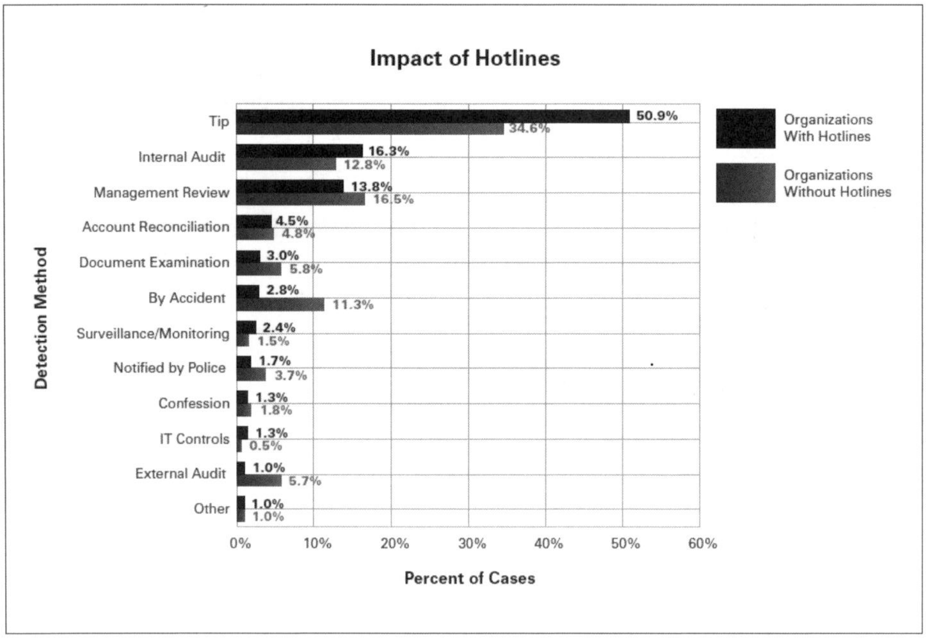

Abb. 27: Impact of hotlines in terms of non-compliance whistleblowing[53]

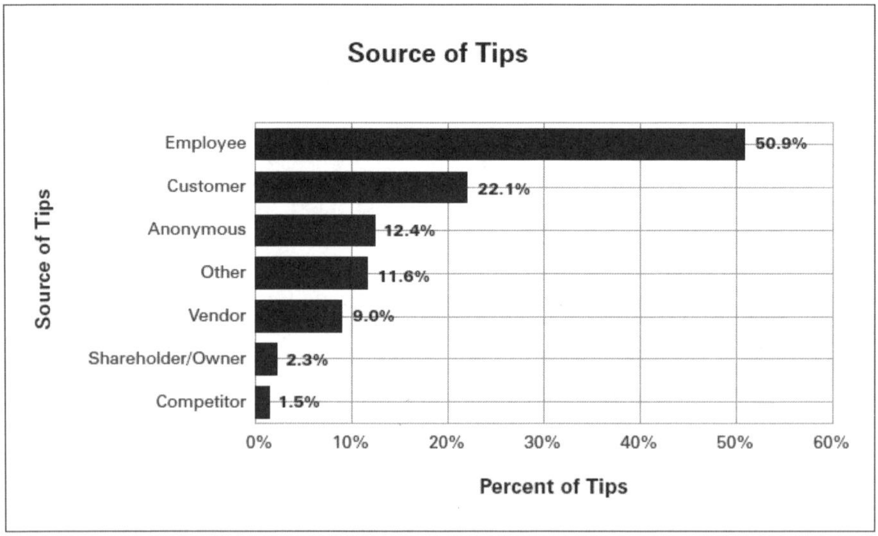

Abb. 28: Source of tips in terms of non-compliance whistleblowing[54]

53 Vgl. *ACFE* (2012), S. 17.
54 Vgl. ebenda (2012), S. 16.

Es gibt die unterschiedlichsten Ausprägungen derartiger Systeme, wobei nachfolgende Möglichkeiten grundsätzlich in die engere Wahl zu ziehen sind:

- Installierung einer Vertrauensperson (intern bzw. extern)
- Installierung einer externen Anwaltskanzlei
- Ansiedelung beim Compliance Officer

Bei dieser Grundsatzentscheidung ist jedenfalls zu beachten, dass es sich bei der als Ansprechperson fungierenden Organisation bzw. Person um eine unabhängige Vertrauensperson/Gesellschaft handelt. Lösungsansätze wie „Wer ein Problem hat, soll direkt zum Vorstand gehen" kann wenig abgewonnen werden, da die Praxis gezeigt hat, dass dies von den Mitarbeitern jedenfalls nicht angenommen wird.

Weiters ist die Entscheidung zu treffen, wie das System an sich ausgestaltet werden soll: Soll eine E-Mail-Adresse eingerichtet werden, eine telefonische Hotline, ein Postfach, ein IT-gestütztes System (intern oder extern betrieben) oder eine Kombination aus diesen Möglichkeiten?

Egal, für welche Varianten man sich letztlich entscheidet – Folgendes ist jedenfalls zu beachten:

- Es wird sich jedenfalls um eine zustimmungspflichtige Datenanwendung handeln, die von der Datenschutzkommission zu genehmigen ist.
- Es wird jedenfalls der Zustimmung des Betriebsrates bedürfen.

Aufgrund dieser Vorgaben sind daher jedenfalls nachfolgend dargestellte Parameter bei der Konzeption des Systems zu berücksichtigen:

- Das System lässt anonyme Meldungen zu, fördert diese aber nicht.
- Dem Hinweisgeber wird volle Vertraulichkeit zugesichert.
- Die mit der Bearbeitung von Meldungen betraute Stelle ist von anderen Konzernstellen strikt getrennt.
- Es haben nur Personen Zugang zu dem System, welche speziell geschult und ausdrücklich verantwortlich für die Vertraulichkeit der gemeldeten Daten sind.
- Die Beschuldigten haben grundsätzlich Zugang zu den Anschuldigungen.
- Die Identität des Meldenden wird nur dann offengelegt, wenn sich nachträglich herausstellt, dass die Anschuldigungen bewusst falsch erhoben wurden.
- Die eingemeldeten Daten werden spätestens zwei Monate nach Beendigung der Untersuchung gelöscht.

In der Praxis hat sich ein Mix aus den oben dargestellten Möglichkeiten bewährt, nämlich neben der Implementierung eines elektronischen Systems zumindest auch eine telefonische Hotline zu implementieren.

Der Implementierung des elektronischen Erfassungssystems wird unsererseits jedenfalls der Vorzug gegeben. Derartige Systeme erlauben es, den möglichen Hinweisgeber via Internet entsprechend aufzuklären und ihm auch bewusst zu machen, was es letztlich bedeutet, einen Hinweis abzugeben. So sollte der Hinweisgeber im Rahmen eines derartigen Systems jedenfalls auch aufgeklärt werden, wie seine Daten erfasst werden und was letztlich mit diesen Daten weiter passiert. Derartige Systeme sollten es auch erlauben, mit dem Hinweisgeber, selbst wenn dieser anonym bleibt, weiter in Kontakt zu bleiben bzw. ihm auch entsprechende Rückmeldung zu seinem Hinweis zu geben. Dies kann man beispielsweise dadurch bewerkstelligen, indem man den Hinweisgeber auffordert, für seine eingebrachte Meldung ein entsprechendes Passwort zu vergeben. Abschließend erhält der Hinweisgeber systemseitig einen weiteren Code zugewiesen. Somit ist jeder Hinweisgeber weiterhin eindeutig identifizierbar und es kann daher weiter mit ihm sowohl über das System aber auch via Telefon kommuniziert werden. Zudem sollte dem Hinweisgeber die Möglichkeit geboten werden, eingescannte Unterlagen in das Meldesystem hochzuladen. Ein weiterer Vorteil eines derartigen Systems ist zudem, dass Meldungen entsprechend gesteuert werden können. So kann man über ein derartiges System Themengruppen vorgeben und somit die Hinweise auf die wesentlichen Compliance-Themen einschränken (z.B. Rechnungslegungsthemen, Korruption, Betrug, Untreue, Veruntreuung, Diebstahl, Urkundenfälschung und Kartellrechtsthemen). Damit reduziert man beispielsweise die Einmeldung klassischer Kundenbeschwerden, welche an dieser Stelle sicher nichts zu suchen haben.

Alternativ zu einem derartigen Meldesystem sollte jedenfalls auch eine telefonische Hotline eingerichtet werden. Der persönlichen Kommunikation ist eine entsprechende Bedeutung beizumessen und es sollte durchaus auch die Möglichkeit geboten werden, Meldungen in einem persönlichen Gespräch mit dem Compliance-Officer zu tätigen.

Wesentlicher Eckpfeiler all dieser Systeme ist jedenfalls der Umstand, dass dem Hinweisgeber absolute Vertraulichkeit seine Person betreffend zuzusichern ist. Eine Ausnahme besteht nur dann, wenn sich der Verdacht dahingehend erhärtet, dass der Hinweisgeber bewusst falsche Angaben gemacht hat, um einen Mitarbeiter zu schädigen. In derartigen Fällen ist mit aller gebotenen Härte gegen den Hinweisgeber vorzugehen.

Erfolgsfaktoren von effektiven Hinweisgeberstellen:

- Einfache Erreichbarkeit und Verständigung
- Sicherstellung absoluter Anonymität für den Hinweisgeber
- Eingrenzende Festlegung zu behandelnden Themen
- Das System sollte Rückfragen an den Hinweisgeber erlauben.
- Mitbestimmungspflicht: Integration und Zustimmung des Betriebsrats
- Genaue Anweisungen, wie und wofür das Hinweisgeber-System zu nutzen ist
- Die erhobenen Informationen müssen mittels geeigneter organisatorischer und technischer Maßnahmen vor Zugriffen durch Dritte geschützt werden. Eingehende Sachverhalte müssen ausreichend dokumentiert werden.
- Nutzungsmöglichkeit auch für externe Informanten (z.B. Kunden, Lieferanten)
- Förderung einer entsprechenden Kommunikationskultur/Integration in Corporate Communications

4.4. Compliance Audits

Selbstverständlich muss der Compliance-Officer die Möglichkeit haben, neben den anlassbezogenen Audits (siehe Kapitel 5. Reaktion) auch anlassunabhängige Audits durchzuführen. Als wesentliches Unterscheidungsmerkmal zu den Audits der internen Revision ist dabei jedoch der Umstand anzusehen, dass derartige Audits auf keinen Prüfungsplan zu finden sind und damit einhergehend das Unternehmen bzw. die geprüfte Abteilung darauf auch keinen Einfluss nehmen kann (außer von sich aus eine derartige Maßnahme anzuregen). Besteht bei dieser Art von Audits die häufige Meinung, dass diese nur auf das eigene Unternehmen zu beschränken sind, so wird hier die Meinung vertreten, derartige Audits auch bei externen Geschäftspartnern (soweit möglich) durchzuführen.

Intern verfolgen Compliance Audits im Wesentlichen den Zweck, beispielsweise identifizierten Risikofaktoren aus der Analyse elektronischer Daten weiter nachzugehen oder aber auch zu überprüfen, ob und wie die Mitarbeiter die bestehenden Compliance-Regeln (z.B. Dokumentationspflichten im Rahmen von Essenseinladungen) nachkommen.

Compliance Audits bei externen Geschäftspartnern sind dann möglich, wenn diese entweder per Vertragsgestaltung ausverhandelt wurden bzw. aus dem bestehenden Recht abgeleitet werden können (öffentlicher Auftragsgeber). Es wird angeraten, von dieser Möglichkeit jedenfalls Gebrauch zu machen. Der Außenwirkung derartiger Audits ist ein besonders hoher Stellenwert im Präventiv- und Früherkennungsbereich beizumessen, zumal sich derartige Aktivitäten sehr schnell in der Geschäftswelt herumsprechen.

Es gilt noch die Frage zu beantworten, in welchen Situationen derartige Audits aus dem Gesetz abgeleitet werden können. Öffentliche Auftraggeber sind dem Bundesvergaberecht unterworfen, welches vorsieht, Unternehmen bei Compliance-Verstößen aus dem Vergabeprozess auszuschließen. Einzige Möglichkeit, dem entgegenzuwirken, ist, dass sich das betroffene Unternehmen einen sogenannten Selbstreinigungsprozess unterwirft. Und genau bei diesem Punkt kann auch die Compliance einhaken. So spricht nichts dagegen, diesen Unternehmen einen persönlichen Besuch abzustatten und sich vor Ort ein Bild darüber zu machen, ob die Selbstreinigungsmaßnahmen entsprechend gewissenhaft umgesetzt wurden. Wir erachten dies im Übrigen nicht nur als Möglichkeit der Compliance-Abteilung, die genutzt werden kann, sondern vielmehr als Verpflichtung des Compliance-Officers, dies auch tatsächlich zu tun.

4.5. Third Party Integrity Management

In der jüngsten Vergangenheit entwickelt sich insbesondere das Thema Third Party Integrity Management zu einem wesentlichen Compliance-Thema. Darunter ist zu verstehen, dass man sich auch sehr intensiv mit seinem Lieferanten-, aber ebenso Kundenstamm im Zusammenhang mit Compliance-Themen auseinandersetzt. Die wesentliche Frage, die hier im Raum steht, ist, ob meine Geschäftspartner integer sind, sprich selbst compliant am freien Markt agieren. Dem Thema wird zwar aktuell noch wenig Bedeutung beigemessen, es wird aber sehr schnell an Bedeutung gewinnen, da insbesondere die Vorreiter von Compliancesystemen wie Siemens und Daimler, aber auch schon andere Unternehmen (u.a. die ÖBB) dazu übergehen, von ihren Geschäftspartnern integres Verhalten abzuverlangen bzw. anhand eines funktionierenden CMS dies auch sicherzustellen.

Hier hat man als Compliance-Officer zwei Themenkreise zu beachten: Einerseits hat man sicherzustellen, dass man potentielle Geschäftspartner im Hinblick auf compliancerelevante Fragestellungen durchleuchtet (screent). Andererseits hat man sich auch mit dem bereits bestehenden Lieferanten bzw. Kundenstamm (je nach Branche) auseinanderzusetzen.

Bei potentiellen neuen Geschäftspartnern ist die Vorgehensweise relativ unkritisch (überschaubarer Zeitaufwand). In einem ersten Schritt beginnt man mit der klassischen Internetrecherche (Welche Medienberichte gibt es über das Unternehmen? In welchen Märkten ist das Unternehmen tätig? etc.). Je nachdem, in welchem geografischen Bereich (national bzw. international), aber auch in welcher Branche man agiert, stößt man hier sehr rasch an die Grenzen des Machbaren. Daher ist anzuraten, sich entsprechender internationaler Datenbanken wie beispielsweise LexisNexis,[55] World-Check[56] oder Worldcompliance[57] zu bedienen. Mit Hilfe dieser Datenbanken lässt sich relativ einfach und unspektakulär ein Risikoprofil des Gegenübers erstellen (beispielsweise, ob es Negativmeldungen über Compliance-Verstöße u.dgl.m. gibt). Je nachdem, wie offensiv man mit diesem Thema umgehen will, kann man von potentiellen Geschäftspartnern auch versuchen, Selbstauskünfte einzuholen (Gibt es strafrechtlich relevante Verurteilungen bzw. laufende Verfahren zu Compliance-Themen? Wie ist die generelle Ausgestaltung des CMS? u.dgl.m.). In Einzelfällen empfiehlt sich auch eine kurze Hintergrundrecherche vor Ort, um sich einen Eindruck zu verschaffen.

Bei der Analyse des bereits bestehenden Lieferanten (bzw. Kundenstamms) ist die Herangehensweise etwas komplexer, da hier von einer großen Datenbasis auszugehen ist. Um entsprechend effizient vorzugehen, ist hier ein risikobasierter Ansatz zu wählen (die weiter oben genannten Datenbankenanbieter haben auch dafür Lösungen), der wie folgt gestaltet werden kann:

In einem ersten Schritt definiert man fokussiert auf den Lieferanten bzw. Kundenstamm entsprechende Risikokategorien wie beispielsweise:

- In welchem Land ist der Lieferant ansässig (z.B. ist der Lieferant in einer Offshore Destination ansässig oder in einem Land mit einem hohen Korruptionsindex laut Transparency International)?
- Lautet die Anschrift auf eine Postfachadresse?
- Wie viel Umsatz macht man mit diesem Lieferanten?
- In welcher Branche ist der Lieferant tätig (Berater sind kritischer einzustufen als der Stromanbieter)?
- Werden die Auszahlungen an den Lieferanten in bar getätigt?
- Ist das Land der Bankverbindung mit dem Land des Firmensitzes ident?

In einem Scoring-System bewertet man die einzelnen definierten Risikoindikatoren und analysiert damit auf relativ einfache und pragmatische Weise den gesamten Stamm. Es ist bei dieser Vorgehensweise besonders darauf Bedacht zu nehmen, dass die Risikoindikatoren entsprechend vernünftig gewichtet werden. Daher sind die ersten Ergebnisse entsprechend zu evaluieren (Werden bereits dafür bekannte Geschäftspartner als Risikofall identifiziert oder nicht?) und anzupassen, bis plausible Ergebnisse erzielt werden. Durch diese Vorgehensweise lässt sich ein Großteil der vorhandenen Lieferanten von weiteren tiefergreifenden Analysehandlungen ausscheiden. Die verbleibenden Lieferanten sind dann wie bereits weiter oben dargestellt zu analysieren.

---

[55] www.lexisnexis.de.
[56] www.world-check.com.
[57] www.worldcompliance.com.

In letzter Konsequenz werden einige wenige Geschäftspartner verbleiben, bei welchen es letztlich einer Managemententscheidung bedarf, ob man mit diesen auch weiterhin eine Geschäftsverbindung aufrechterhalten will oder eben nicht.

Auch hier empfiehlt es sich, derartige Analysen kontinuierlich (zumindest zweijährig durchzuführen. Nur so kann man die gewünschte Risikominimierung gewährleisten bzw. können rechtzeitig mögliche Probleme erkannt werden.

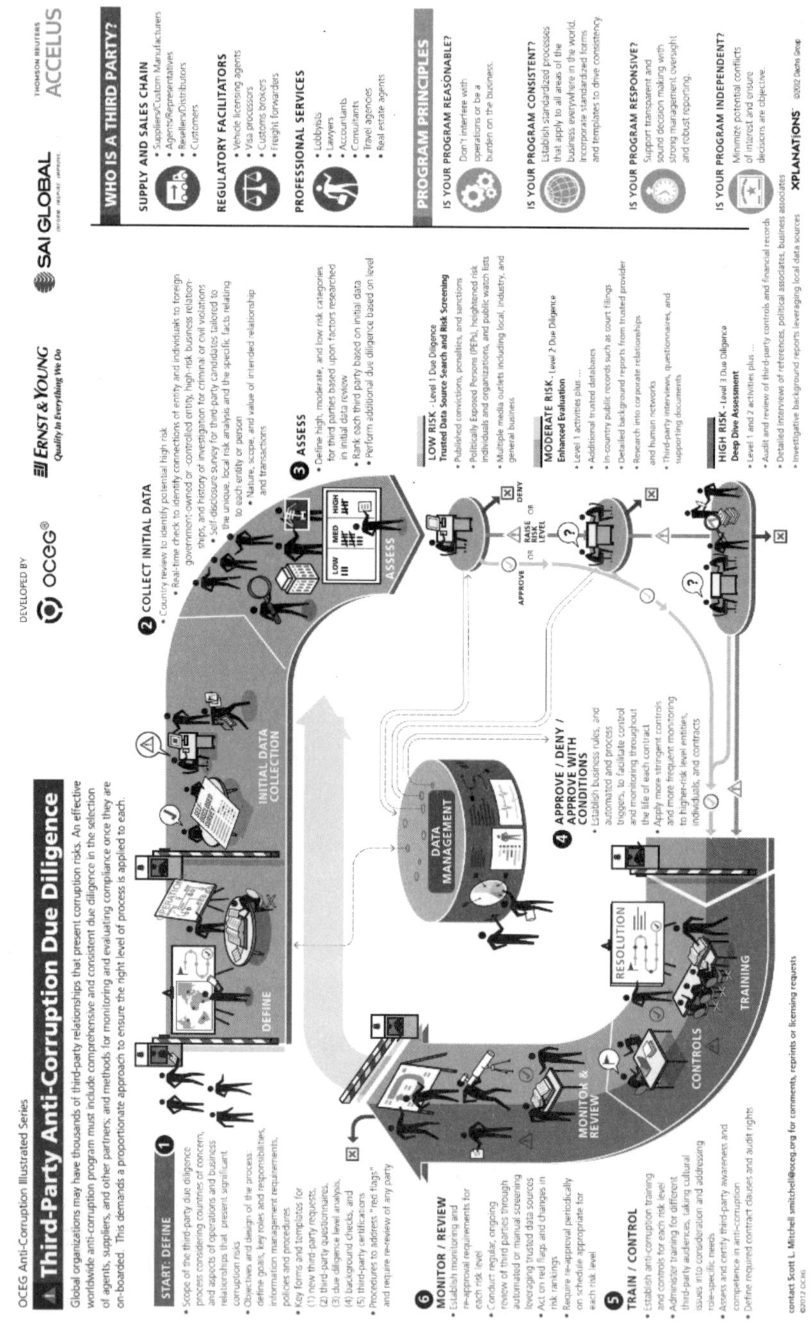

Abb. 29: Third-Party Anti-Corruption Due Diligence[58]

58 Vgl. *Open Compliance and ethics group/Ernst & Young* (2012), S. 12 f.

5. Reaktion

5.1. Sanktionen

Um ein Compliance-System glaubwürdig in einem Unternehmen umzusetzen, ist es unumgänglich, potentiellen Verstößen auch nachzugehen. Dies erfolgt in der Regel im Rahmen von internen Untersuchungen (internal investigations). Diese internen Untersuchungen dienen vorranging dem Zweck, ausreichend Informationen über fraudulente Anschuldigungen zu generieren, um den Compliance-Officer und in weiterer Folge die Geschäftsleitung (bei Aktiengesellschaften auch den Aufsichtsrat) in die Lage zu versetzen, Entscheidungen über mögliche notwendige Konsequenzen zu treffen. Diese anlassbezogenen Untersuchungen sind jedenfalls individuell auszugestalten und reichen von kleinen Hintergrundrecherchen bis hin zu langwierigen und komplexen Ermittlungstätigkeiten. Zielsetzung muss immer sein, sich ausreichend Klarheit über einen vorliegenden Sachverhalt zu verschaffen und diesen auch entsprechend zu dokumentieren.

Sind interne Untersuchungen im angelsächsischen Bereich bereits Standard und haben diese auch in Deutschland die notwendige Akzeptanz gefunden, so muss insbesondere in österreichischen Unternehmen noch das notwendige Verständnis für die Sinnhaftigkeit einer derartigen Maßnahme entwickelt werden. Sehr oft hört man von österreichischen Führungskräften, dass es sich dabei um eine Angelegenheit der Ermittlungsbehörden (sprich Polizei und Justiz) handelt. Die Praxis zeigt jedoch, dass einer Unternehmensleitung mit einem solchen Mindset sehr schnell die Tragweite dieser Entscheidung aufgezeigt, ja in der Regel sogar das eigene Unternehmen in unangenehme und kaum steuerbare Situationen manövriert wird. Zeigt man Verdachtsfälle bei den Behörden an, ohne im Vorfeld selbst entsprechende umfassende Erhebungen im Unternehmen durchgeführt zu haben, kann man in der Regel zwei Effekte beobachten: Im ersten (und angenehmeren) Fall wird die zuständige Behörde nicht tätig, da ihr die gemeldeten Verdachtsmomente als nicht ausreichend zur Einleitung von Ermittlungsverfahren erscheinen. Es kann aber auch passieren, dass die jeweilige Behörde durch die Setzung von Zwangsmaßnahmen (z.B. Hausdurchsuchungen) versucht, weitere Informationen zu generieren. Dies ist in der Regel mit sehr viel Ungemach im eigenen Unternehmen verbunden und löst in der Regel auch negative Pressemeldungen aus. Zudem ist es in derartigen Situationen eher schwierig, noch steuernd auf die Ermittlungen Einfluss zu nehmen. Man sollte sich immer bewusst sein, dass nicht ermittelte oder schlecht ermittelte Verdachtsfälle einerseits ein hohes finanzielles Risiko für das Unternehmen bedeuten. Andererseits kann auch der Reputationsverlust des Unternehmens nachhaltige Folgen nach sich ziehen (z.B. Verlust potentieller Kunden). Darüber hinaus bestehen für den Vorstand und Aufsichtsrat naturgemäß haftungsrechtliche Risiken, sollte Compliance-Verstößen unternehmensseitig nicht entsprechend sorgfältig nachgegangen werden (Sorgfaltspflichten nach dem AktG und GmbHG).[59]

---

59 Vgl. *Horvath* in *Kustor*, Unternehmensinterne Untersuchungen 2010, S. 43.

Exkurs: Internationale Praxis

Bei uns noch völlig unbekannt, international jedoch mittlerweile als Standard anzusehen ist der Umstand, dass Behörden Unternehmen zwingen, interne Untersuchungen von externen Beratern oder Wirtschaftsprüfern durchführen zu lassen um danach anhand dieser Ergebnisse die entsprechende Rechtsdurchsetzung zu betreiben (z.B. die SEC bzw. das DoJ). Als prominente Beispiele seien hier Siemens, Daimler, Arthur Andersen oder Merck genannt (die Liste wäre beliebig erweiterbar). Die dargestellte Logik begründet sich nicht zuletzt durch den Umstand, dass weltweit eine Vielzahl der Strafverfolgungsbehörden nicht die notwendigen Ressourcen zur Verfolgung wirtschaftskrimineller Sachverhalte zur Verfügung haben. In Deutschland ist zwischenzeitlich ein Trend in diese Richtung erkennbar. Ob und wann dies auch in Österreich Einzug findet, ist nicht absehbar. Die Konsequenz dieser Vorgehensweise ist jedoch leicht erkennbar. Die Unternehmen haben die Kosten für die Aufklärung interner Verfehlungen selbst zu tragen. Werden diese im Rahmen solcher Untersuchungen auch noch nachgewiesen, hat man zusätzlich mit erheblichen Strafen für das Unternehmen und natürlich auch für die daran beteiligten Personen zu rechnen.

Sowohl österreichische als auch deutsche Unternehmen, welche sich in einem internationalen Verband befinden (beispielsweise Töchter von amerikanischen Großkonzernen) durften durchaus schon Erfahrungen mit derartigen Vorgehensweisen sammeln.

5.2. Fallverfolgung (Internal Investigation)

Im Rahmen dieses Kapitels werden ausschließlich die wesentlichsten Grundlagen dargestellt. Für eine Vertiefung dieser Grundlagen wird auf die dafür vorhandene einschlägige Fachliteratur verwiesen.

Es empfiehlt sich, interne Untersuchungen nur mit entsprechend ausgebildeten Personal (Forensikern) durchzuführen. Nur dadurch ist gewährleistet, dass die erzielten Ergebnisse in weiterer Folge auch vor Gericht verwendet werden können (gerichtsfeste Vorgehensweise und Dokumentation der Untersuchung). Je nach Größe des Unternehmens ist die Entscheidung zu treffen, ob derartiges Spezialwissen inhouse aufgebaut oder über externe Beauftragungen abgewickelt werden soll. Ist im Unternehmen eine interne Revision vorhanden, so kann man darüber nachdenken, ob derartige Ressourcen in diesem Bereich vorhanden sind und ob Personal für solche Untersuchungen abgezogen werden kann. Nachfolgendes Grundwissen bzw. Ausbildung sollte bei einem Forensikspezialisten jedenfalls vorhanden sein:

- Allgemeines betriebswirtschaftliches Verständnis (im Idealfall Betriebswirt)
- Juristisches Grundverständnis zum Verfahrensrecht und Strafrecht bzw. die Kenntnis einschlägiger gesetzlicher Bestimmungen im Hinblick auf mögliche Verstöße
- Revisionserfahrung
- Gutes buchhalterisches Grundverständnis und Erfahrung mit diesbezüglich einschlägiger Prüfungssoftware (beispielsweise ACL oder IDEA)
- Hohes Ausmaß an IT-Affinität (Grundlagen von IT-Systemen, E-Discovery und Vergleichbarem)
- Erfahrung in der Gesprächsführung (im Idealfall auch in Einvernahmetechniken)

- Hohe soziale Kompetenz und Einfühlungsvermögen
- Gefestigter Charakter

Die Ausgangslage bzw. die dahinterliegende Technik jeder Untersuchung basiert auf den Theorien von Dr. Donald R. Cressey. Dieser beschäftigte sich eingehend mit den Motiven für wirtschaftskriminelle Handlungen und entwickelte daraus das „Fraud Triangle“ (Betrugsdreieck bzw. doloses Dreieck)[60]. Dieses besagt, dass Fraud durch das Zusammentreffen von drei Bedingungen besonders begünstigt wird:

1. Gelegenheit (*opportunity*)
2. Anreiz/Druck (*pressure*)
3. Rechtfertigung (*rationalization*)

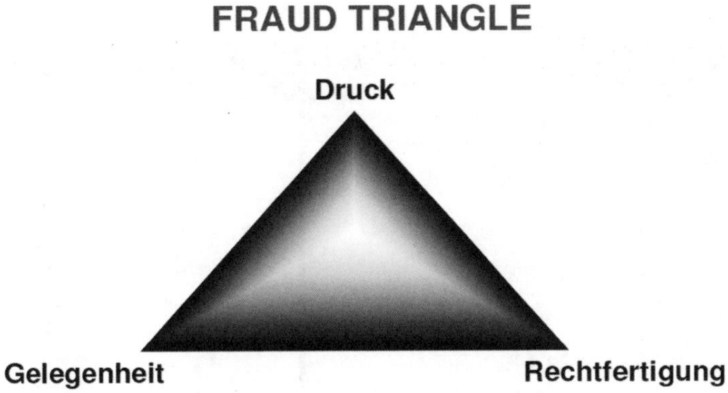

Abb. 30: Fraud Triangle

Gelegenheit

Um betrügerische Handlungen durchzuführen, muss der potentielle Täter die grundsätzliche Möglichkeit haben, dolose Handlungen zu setzen. Diese Möglichkeiten bzw. Gelegenheiten können sehr vielfältig sein und gehen von Schwachstellen in internen Kontrollsystemen bis hin zu tätigkeitsbezogenen Funktionen.

Anreiz/Druck

Der potentielle Täter benötigt des Weiteren entsprechende Motive. Diese können wieder höchst unterschiedlich sein und reichen beispielsweise von der persönlichen Bereicherung über die Notwendigkeit, finanziellen Verpflichtungen nachkommen zu müssen, bis hin zu unrealistischen Zielvorgaben, die erfüllt werden wollen.

Rechtfertigung

Um den Schritt vom potentiellen zum tatsächlichen Täter zu setzen, bedarf es dann noch der inneren Rechtfertigung zur Tathandlung. Das heißt, der Täter muss zu dem Ergebnis gelangen, dass seine Tat einer gewissen Logik folgend keine tatsächliche kriminelle Handlung darstellt (z.B. „Ich bekomme ohnehin ein zu niedriges Gehalt; durch eine Manipulation der Spesenabrechnung hole ich mir, was mir zusteht.“). Somit erscheint es nur

[60] Siehe z.B. http://de.wikipedia.org/wiki/Donald_R._Cressey (Stand 30.8.2012).

logisch, dass Täter wirtschaftskrimineller Handlungen in der Regel kein hohes Unrechtsbewusstsein entwickeln.[61]

Der Vollständigkeit halber sei erwähnt, dass das Fraud Triangle in der einschlägigen Fachliteratur zum Fraud Diamond (Betrugsviereck) weiterentwickelt wurde. Hinzugekommen ist der Punkt „Fähigkeit“ (capability). Diese Ansicht wird hier nicht geteilt, weil wir diesen Punkt schon im Fraud Triangle gedeckt sehen.

Die mögliche Einteilung der Betrugsarten ist in der Literatur derart vielfältig und kreativ wie der Betrug selbst. Daher sei an dieser Stelle als durchaus brauchbares Beispiel der Fraud-Tree der ACFE dargestellt:

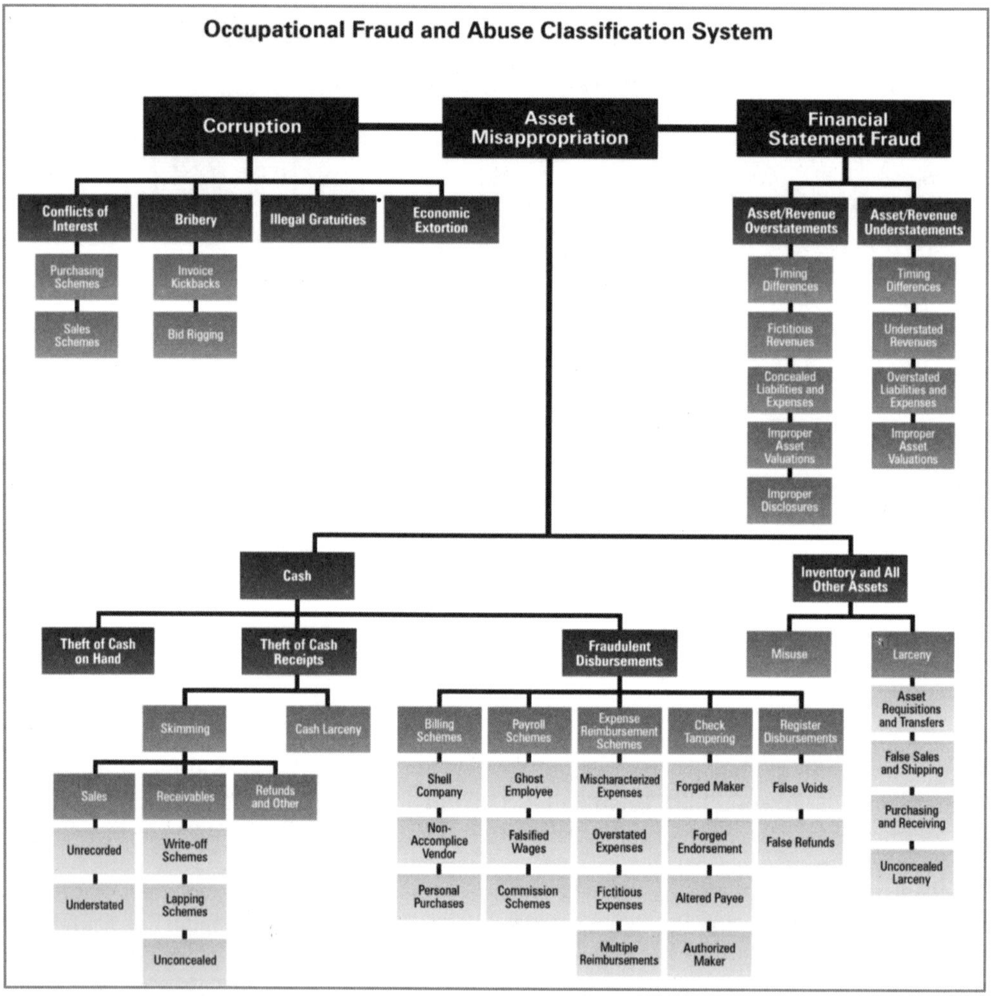

Abb. 31: Die Fraud-Klassifikation nach der ACFE (Fraud-Tree)[62]

[61] Vgl. *Mair/Müller/Rapberger* in *Petsche/Mair* (Hrsg.), Handbuch Compliance, S. 282.
[62] Quelle: ACFE (2012), S. 7.

5.2.1. Überlegungen im Vorfeld

Wie bereits dargestellt, kann ein CMS nur dann glaubhaft funktionieren, wenn bekannt gewordenen Verdachtsmomenten auch entsprechend nachgegangen wird. Dabei empfiehlt es sich, bereits im Vorfeld die entsprechenden Strukturen und Ablaufpläne für diese Maßnahmen zu schaffen (Notfallplan). Dies bedeutet zuerst die Klärung nachfolgend dargestellter strategischer Fragestellungen:

Werden die Untersuchungen von internem oder externem Personal durchgeführt?

Vom Grundsatz her ist hier eine strategische Entscheidung zu treffen. Kleine und mittelständische Unternehmen verfügen in der Regel nicht über die notwendigen Ressourcen (Personal und Know-how), um vernünftig professionelle interne Untersuchungen ab einer gewissen Komplexität durchzuführen. In derartigen Fällen sollte man im Fall der Fälle auf entsprechende externe Möglichkeiten zurückgreifen. Sowohl die Big-4-Wirtschaftsprüfungsgesellschaften (Ernst & Young, Deloitte, KPMG und PwC) als auch spezialisierte Nischenanbieter, wie beispielsweise Alvarez und Marsal, bieten derartige Dienstleistung auf höchstem professionellem Niveau an. Jedenfalls sollte man schon im Vorfeld mit möglichen externen Anbietern Kontakt aufnehmen, sich ein Bild machen und eine Auswahl treffen, welcher Anbieter am geeignetsten für das eigene Unternehmen erscheint. Es wird empfohlen, entsprechende Rahmenvereinbarungen abzuschließen. Interne Ermittlungen mit entsprechendem Tiefgang kommen meist unvermutet und zur Unzeit. Ist man nicht darauf vorbereitet, trifft man oft Entscheidungen im Zeit- und Informationsnotstand. Dies hat zur Folge, dass man nicht selten den falschen Partner für derartige heikle Tätigkeiten auswählt.

Wer soll die internen Untersuchungen im Haus durchführen?

Ab einer gewissen Unternehmensgröße sollte man sich jedenfalls dafür entscheiden, interne Untersuchungen inhouse durchzuführen. Dies bedarf des Aufbaus entsprechend geeigneter Ressourcen. Im klassischen mittelständischen Betrieb mit einer funktionierenden internen Revision spricht nichts dagegen, einen Revisor auch für dieses Fachgebiet zu spezialisieren. Dieser kann dann neben seiner Revisionstätigkeit auch für interne Untersuchungen herangezogen werden. Ab einer gewissen Unternehmensgröße erscheint es jedoch zweckmäßig, derartiges Know-how in der Compliance-Abteilung anzusiedeln.

Ist ein Rahmenvertrag mit Externen auch dann notwendig, wenn man grundsätzlich über interne Ressourcen für die Aufarbeitung von Verdachtsfällen verfügt?

Im Idealfall hat man selbst für den Fall ausreichend erscheinender interner Ressourcen kurzfristig externe Partner für heikle Untersuchungen an der Hand. Man kann nie ausschließen, von kapazitätsüberschreitenden großen Fällen überrascht zu werden. Und man sollte immer bedenken: Rahmenverträge verursachen keine Kosten, solange man die vereinbarten Leistungen nicht in Anspruch nimmt.

Wer ist intern für welche Aktivitäten zu welchem Zeitpunkt zuständig?

Unabhängig von der Frage, ob eine interne Untersuchung von eigenen Ressourcen durchgeführt wird oder ob man sich eines externen Beraters bedient, gilt es, sonstige Zuständigkeiten und Ansprechpartner im Vorfeld zu definieren. Nachfolgend dargestellte Organisationseinheiten spielen in der Regel im Rahmen interner Untersuchungen eine Rolle und es wird daher empfohlen, mit diesen Bereichen sich für den Fall der Fälle bereits vorab über eine diesbezügliche Vorgehensweise abzustimmen:

- Rechtsabteilung: Es gibt nahezu keine größeren internen Untersuchungen, welche ohne die Einbindung der Rechtsabteilung durchgeführt werden sollte.
- Personal: Da im Rahmen und als Konsequenz interner Untersuchungen auch schnelle und arbeitsgerichtsfeste Entscheidungen zu treffen sein werden, bedarf es auch einer fixen Einbindung dieser Abteilung.
- IT: Nicht selten ist es, wie weiter unten dargestellt, notwendig, elektronisch vorhandene Daten, wie beispielsweise E-Mail-Accounts, in die Untersuchung miteinfließen zu lassen. Daher erscheint auch eine Einbindung und entsprechende Vorabstimmung mit der IT und deren Systeme und Prozesse unumgänglich.
- Revision: Je nach interner struktureller Entscheidung, insbesondere wenn keine eigenen Ermittlungsressourcen inhouse vorhanden sind, empfiehlt es sich, auch die interne Revision bei derartigen Untersuchungen einzubinden – einerseits um mögliche Ressourcen dafür aufzubauen, andererseits aber auch, um entsprechende weitere Prüfungsmaßnahmen, die aus laufenden Erkenntnissen gewonnen werden, ohne große Reibungsverluste umsetzen zu können.

5.2.2. Ablauf einer internen Untersuchung

Der generische Ablauf einer internen Untersuchung stellt sich im Regelfall wie folgt dar:[63]

- Analyse der Ausgangssituation
- Planung der Untersuchung
- Identifikation, Sammlung und Sicherstellung von Daten
- Analyse der Daten
- Interviews
- Berichterstattung

Dieser Ablauf kann in weiterer Folge in die Elemente einer internen Untersuchung aufgegliedert werden.

Grundsätzlich sollte man sich auch im Klaren über die in einem Unternehmen vorhandene Datenbasis sein. Diese stellt sich wie folgt dar:

---

[63] Vgl. *Mair/Müller/Rapberger* in *Petsche/Mair* (Hrsg.), Handbuch Compliance, 2010, S. 294 ff.

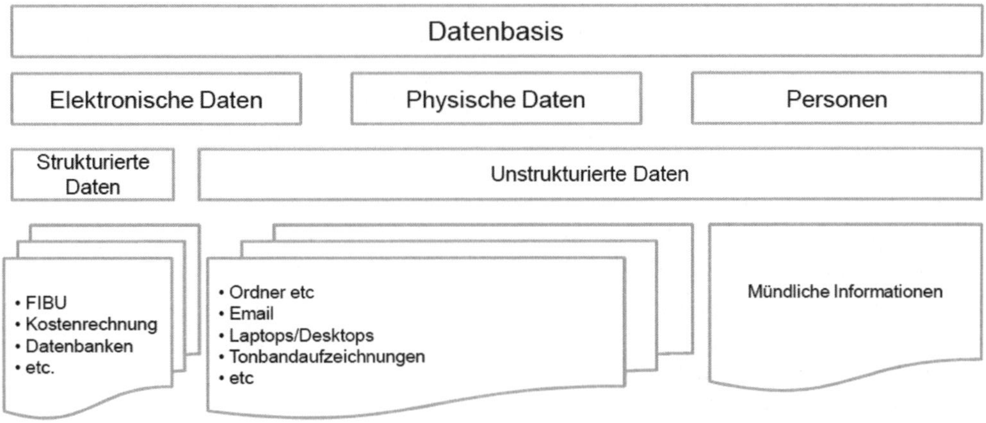

Abb. 32: Datenquellen eines Unternehmens

5.2.3. Elemente einer internen Untersuchung

Hat man obige Fragestellungen beantwortet, sollte man einen entsprechenden Maßnahmenkatalog entwickeln, welcher den Ablauf der internen Untersuchungen transparent und klar regelt. Im Idealfall einigt man sich mit dem Betriebsrat und der Personalvertretung (falls vorhanden) über diesen Maßnahmenkatalog und schließt darüber eine Betriebsvereinbarung ab. Damit vermeidet man zukünftige zeitraubende Diskussionen im Einzelfall. Zudem ist in derartigen Fällen die Geschwindigkeit einer der wesentlichen Erfolgsfaktoren.

Hinweis:

Bei internen Untersuchungen handelt es sich um Vorgänge, die oft auch die Persönlichkeitsrechte Einzelner berühren. Deshalb ist bei derartigen Maßnahmen der entsprechende Mitteleinsatz mehrmals abzuwägen und immer das jeweils gelindeste Mittel einzusetzen. Andererseits sind natürlich auch die Interessen des Unternehmens zu wahren. Daher sind mit derartigen Entscheidungen Personen mit entsprechender Erfahrung und Verantwortungsbewusstsein zu betrauen. Gegebenenfalls kann man derartig heikle Entscheidungen auch an ein Komitee übertragen, wobei dies den Nachteil hat, Geschwindigkeits- und Effektivitätseinbußen in Kauf nehmen zu müssen.

5.2.3.1. Erstevaluierung

Der Ausgangspunkt einer internen Untersuchung kann sehr vielschichtig sein – anonyme Hinweise (über Meldesystem bzw. via E-Mail etc.), Medienberichte, Feststellungen der internen Revision, Meldung von Vorgesetzten, um hier nur einige zu nennen.

Die Entscheidungen, die bei dieser Erstevaluierung getroffen werden, sind weitreichend. Trifft man unbedacht die Entscheidung, keine weiteren Erhebungsmaßnahmen zu setzen, geht man das Risiko ein, sich zu einem späteren Zeitpunkt den Vorwurf gefallen lassen zu müssen, nicht sorgfältig genug agiert zu haben. Umgekehrt kann man durch in diesem Stadium veranlasste weiterreichende Prüfungsmaßnahmen das Unternehmen selbst und, was noch viel schwerer wiegt, betroffene Mitarbeiter in Situationen bringen, welche nur schwer reversibel sind (z.B. Freistellung bzw. Suspendierung, in Fällen, in denen sich im Nachhinein herausstellt, dass die Vorwürfe ungerechtfertigt waren). Es ist daher von elementarer Bedeutung, den zum Zeitpunkt der Entscheidung vorliegenden Wissensstand und die dahinterstehenden Fakten genau zu dokumentieren. Nur dadurch kann man sicherstellen, später (mitunter auch Jahre später) selbst nachweisen zu können, auf welcher Grundlage die Entscheidung getroffen wurde.

Es wird daher empfohlen, ein Formblatt (Kurzbericht) zu entwickeln, welches diese Erstevaluierung mit den getätigten Maßnahmen (Recherchen) entsprechend darstellt. Inhalte eines solchen Formblattes (Kurzberichtes) sollten sein:

- Datum des Hinweiseinganges/der Wahrnehmung
- Name(n) der betroffenen (verdächtigten) Mitarbeiter
- Name(n) des Hinweisgebers/des Wahrnehmers
- Darstellung des Hinweises
- Darstellung der gesetzten Evaluierungsmaßnahmen und Dokumentierung dieser
- Klar nachvollziehbare Begründung, weshalb der Sachverhalt nicht weiter verfolgt wird oder eben weiterverfolgt wird

Entscheidend bei der Erstevaluierung ist der Umstand, dass es sich um Plausibilisierungsmaßnahmen der bekannten Vorwürfe handelt, welche für außenstehende Dritte nicht als solche erkennbar sind. Dabei kann es sich beispielsweise um Internetrecherchen, Recherchen in (kostenpflichtigen) Datenbanken (z.B. Firmenbuch, Grundbuch, LexisNexis, World-Check, Worldcompliance) handeln. Sinn dieser Erstevaluierung ist es, sich ein objektives Bild von der Werthaltigkeit einer bekannten Ausgangslage zu machen. Dabei ist einem zweizeiligen anonymen Hinweis mit Sicherheit weniger Gewicht beizumessen als einem umfassenden dokumentierten Hinweis.

Fallbeispiele:

Fall 1:

Sie erhalten folgenden anonymen Hinweis:
„Ihr Mitarbeiter XY betrügt Sie regelmäßig, weil er die Reisekostenrechnungen fälscht."
Natürlich kann man einen solchen Hinweis auch nicht einfach als zu wenig werthaltig ablegen. Man kann in der Erstevaluierung zunächst prüfen, ob es sich tatsächlich um einen Mitarbeiter des eigenen Unternehmens handelt. In einem nächsten Schritt kann man durch einfache Maßnahmen feststellen, ob sich der beschuldigte Mitarbeiter überhaupt in der Position befindet, Reisekostenabrechnungen zu legen (internes Telefonbuch). Mit den damit erzielten Rechercheergebnissen kann man in weiterer Folge begründen, ob weitergehende Ermittlungstätigkeiten (Nachfrage in der Lohnverrechnung über erfolgte Spesenabrechnungen und Prüfung dieser) nachdenken.

Fall 2:

Sie erhalten folgenden Hinweis von Max Mustermann:
„Ihre Verkäufer in Rumänien bestechen laufend die dortigen Regierungsbehörden."
Wie leicht erkennbar ist, ist dieser Hinweis sehr allgemein gehalten und deckt zudem

ein bekanntes Klischee ab. Zudem sollte das in der Anzeige angesprochene Land in Ihrer Compliance-Abteilung ohnehin einen entsprechenden Platz auf der Risikolandkarte mit den entsprechenden Maßnahmen haben. Konkrete Personen sind in der Anzeige nicht genannt, was es bei entsprechender Größe des Vertriebes in diesem Land unmöglich macht, den Vorwurf auf Einzelne herunterzubrechen. Somit erscheinen weiterführende Untersuchungsmaßnahmen nicht zielführend.

5.2.3.2. Interne Faktensammlung

Kommt man im Rahmen der Erstevaluierung zu dem Ergebnis, dass die kommunizierte Verdachtslage in sich schlüssig erscheint, so soll mit der diskreten internen Faktensammlung begonnen werden. Dazu ist es mitunter notwendig, andere interne Stellen mit Anfragen zu beauftragen bzw. Prozessanalysen durchzuführen. Um dem Ansehen des „beschuldigten" Mitarbeiters nicht zu schaden, empfiehlt es sich, im Rahmen dieser Faktensammlung nach Möglichkeit die Recherche derart zu gestalten, dass für andere nicht erkennbar ist, gegen welche Person die konkreten Erhebungsmaßnahmen gerichtet sind.

Fallbeispiel:

Sie haben folgenden Hinweis erhalten:

„Es verwundert nicht, dass die Auftragsvergabe zu Los Nr. 1 wieder an die Firma XY erfolgt ist, bestehen doch beste Kontakte zu Ihrem Unternehmen. Ihr Mitarbeiter AB ist seit Jahren mit der dortigen Unternehmensleitung befreundet und wird sein eigenes Unternehmen noch dazu durch die Firma XY finanziert. Daher ist die Firma XY immer im Vorfeld über die entsprechenden Konkurrenzangebote informiert."

Auch in diesem Fall beginnt man natürlich mit Prozessschritt 1 und plausibilisiert zunächst die gemachten Angaben auf grundsätzliche Schlüssigkeit: Handelt es sich um einen Mitarbeiter Ihres Unternehmens? Welche Funktion hat dieser Mitarbeiter inne? Besitzt dieser Mitarbeiter tatsächlich ein eigenes Unternehmen (Firmenbuchabfrage, Internetrecherche)? Existiert das Unternehmen XY und lassen sich mögliche Verbindungen zwischen den Unternehmen XY und dem Unternehmen Ihres Mitarbeiters herstellen (z.B. Personenübereinstimmungen zwischen XY und Unternehmen Ihres Mitarbeiters)? Wurden all diese Fragen positiv beantwortet, ist es notwendig, weiter gehende interne Recherchen anzustellen. Im vorliegenden Fall hat man sich daher mit dem Ausschreibungs- und Vergabeprozess der Einkaufsabteilung zu beschäftigen. Dies kann man durchführen, ohne die bestehende Verdachtslage kommunizieren bzw. den „verdächtigten" Mitarbeiter preisgeben. Dazu lässt man sich in einem ersten Schritt den Ausschreibungsprozess erklären und führt danach anhand mehrerer Beispiele einen „walk through", also eine schrittweise Durchsprache des Standardablaufs des Prozesses (hier jenen einer Ausschreibung), durch. Somit ist einerseits erkennbar, ob und wie der Ausschreibungsprozess manipuliert werden kann, und andererseits, wer zu welchem Zeitpunkt welche Informationen besitzt.

5.2.3.3. Offene Recherche

Bei der offenen Recherche geht man dazu über, interne Stellen mit konkreten Verdachtslagen unter Nennung des Namens des betroffenen Mitarbeiters zu beauftragen. Bevor man einen derartigen Schritt tätigt, sollte man sich verdeutlichen, dass ab diesem Zeitpunkt das Risiko besteht, dass einerseits der betroffene Mitarbeiter aufgrund einer Indiskretion über die Untersuchungsmaßnahmen informiert wird und daher mögliche weitere Maßnahmen entsprechend vereitelt werden. Andererseits wird mit derartigen Maßnahmen möglicherweise der „gute Ruf" eines Mitarbeiters vielleicht zu Unrecht nachhaltig geschädigt. Daher ist bei diesem Schritt sehr bedachtsam vorzugehen bzw. ist bei einzelnen Anlaufstellen (z.B. IT-Abteilung, Personalabteilung) schon im Vorfeld dafür Sorge zu tragen, dass Vertrauenspersonen ausfindig und namhaft gemacht werden, die derartige unterstützende Maßnahmen durchführen.

Während dieser Recherche greift man dezidiert noch nicht in die Persönlichkeitsrechte des betroffenen Mitarbeiters ein. Man recherchiert lediglich in Bereichen wie Spesenabrechnungen u.dgl.m.

5.2.3.4. Akquisition und Analyse physischer/elektronischer Daten

Ab einer entsprechend ausreichenden Verdachtslage im Hinblick auf strafrechtlich relevante Handlungen des Mitarbeiters erscheint es notwendig bzw. ist das Unternehmen verpflichtet, sämtliche zur Verfügung stehenden und rechtlich zulässigen Möglichkeiten zu nützen, um den Sachverhalt aufzuklären. Dies gilt natürlich für alle physisch vorhandenen Unterlagen (in der Regel sämtliche Hardcopy-Unterlagen), aber natürlich auch für alle elektronisch vorhandenen Daten, wie E-Mail-Account, persönliche Fileshares bis hin zu Computern und Smartphones.

Physische Unterlagen

Es ist selbstredend, dass für einen Sachverhalt alle Hardcopys zur Untersuchung herangezogen werden. Wichtig dabei ist natürlich, entsprechend zu dokumentieren, woher man die zu analysierenden Unterlagen hat. Daher ist bei jedem Ordner oder jeder sonstigen physischen Unterlage festzuhalten, wann und von wem man diese Unterlage erhalten hat. Sollte es notwendig sein, physische Unterlagen in größeren Umfang analysieren zu müssen, so sollte man in Erwägung ziehen, diese Unterlagen mit einer OCR-Software (Optical Character Recognition – Software zur automatisierten Texterkennung auf Basis vordefinierter Algorithmen) einzuscannen und danach elektronisch zu analysieren.

Elektronische Daten

Gerne wird vergessen, die in einem Unternehmen elektronisch vorhandenen Daten bei Untersuchungen miteinzubeziehen. Dabei unterscheidet man zwischen strukturierten und unstrukturierten elektronischen Daten. Strukturierte elektronische sind all jene Daten, welche in Form einer Datenbank oder Tabelle u.dgl.m. vorliegen (z.B. Buchhaltungsdaten). Unstrukturierte elektronische Daten sind all jene elektronische Daten, welchen keine erkennbare Erfassungsstruktur zugrunde liegt (E-Mail-Daten, Worddokumente u.v.m.). Für beide Arten von elektronischen Daten gibt es eine klare Vorgehensweise der Datenakquisition und Auswertung. Um die gerichtliche Verwertbarkeit derartiger Daten sicherzustellen, sollte man die internationalen Ansätze der Association of Chief Police Officers (ACPO) einhalten.[64] Einer der wesentlichen Inhalte dieser Guide-

---

64 ACPO, Good Practice Guideline for Computer-Based Electronic Evidence – Official Release version, http://www.7safe.com/electronic_evidence/ACPO_guidelines_computer_evidence.pdf.

line besagt sinngemäß (Principle 1), dass keine Handlungen dazu führen dürfen, dass Daten, welche auf Computern oder Datenträgern liegen und welche vor Gericht verwertet werden sollen, verändert werden dürfen.

Zur Dokumentation über die Vorgehensweise bei der Beweismittelsicherung von elektronischen Daten wird auf das Principle 3 der ACPO verwiesen. Dieses besagt, dass „ein Prüfpfad oder eine andere Aufzeichnung aller auf die computerbasierten elektronischen Beweise angewandten Prozesse erstellt und bewahrt werden muss. Eine unabhängige dritte Partei muss in der Lage sein, diese Prozesse zu prüfen, und zum gleichen Ergebnis kommen." Somit sollte eine derartige Dokumentation zumindest folgende Informationen beinhalten:

- Name der Person(en), welche die Datensicherung durchgeführt hat(ben)
- Datum und Uhrzeit
- Genaue Darstellung des Akquisitionsortes (Allgemeine Adressangaben erscheinen nicht ausreichend – Zimmernummer etc. sollten mitangegeben werden)
- Welche Daten werden gesichert?
- Von wem wurden die Daten übergeben?
- Genaue Beschreibung des Datenträgers, von welchem die Daten übernommen werden (Marke, Modell, Seriennummer, Art der Gerätes, ...)
- Im Idealfall wird das Gerät nicht gestartet – sollte dies dennoch der Fall sein, ist auch dies entsprechend zu dokumentieren.
- Welche Software wurde zur Datensicherung eingesetzt?
- Auf welchem Datenträger wurde das Image gemacht?
- Hashcode
- Wurden die Daten komprimiert?
- Wurden die Daten verschlüsselt?
- Was wird mit den Daten weiter gemacht?

Die dargestellten Informationen stellen keine vollständige Liste dar, sind jedoch jedenfalls als Ausgangspunkt und Minimalstanforderungen zu sehen.

Strukturierte elektronische Daten

Bei der Akquisition und Analyse strukturierter elektronischer Daten greift man in der Regel nicht in die höchstpersönliche Rechtssphäre eines Mitarbeiters ein. Es handelt sich oft um Buchhaltungsdaten oder vergleichbare Daten, welche in ein Analysetool eingespielt werden, um deren Analyse entsprechend zu vereinfachen. Oft sind dabei neben den klassischen Buchhaltungsdaten auch Daten aus Nebensystemen bzw. Logfiledaten von Interesse (Aufzeichnungen, die dokumentieren, welche Maßnahmen von welchem Mitarbeiter zu welcher Zeit veranlasst wurden). Zur Analyse derartiger Daten eignen sich beispielsweise Tools wie IDEA und ACL. Zur Vorgehensweise der Akquisition und Analyse wird auf das Kapitel 4. Früherkennung verwiesen.

Unstrukturierte elektronische Daten

Bei unstrukturierten elektronischen Daten handelt es sich sehr oft um persönliche Daten des Mitarbeiters. Daher gilt es, sich schon im Vorfeld entsprechend rechtlich wie auch logistisch vorzubereiten. Dies bedeutet einerseits, dass man sich mittels Gutachten für die geplante Vorgehensweise (forensische Akquise und Auswertung der elektronisch vorhandenen Daten) entsprechend absichert. Andererseits muss man auch schon vorab im Bilde sein, in welchem Umfang Daten im Unternehmen vorhanden sind bzw. welche Qualität diese haben. Dazu bedarf es einer Zusammenarbeit mit der IT-Abteilung, in der es nachfolgende Fragen zu klären gilt:

- Welche Sicherungs- und Archivierungsstrategie verfolgt das Unternehmen (gibt es wöchentliche, monatliche oder beispielsweise eine quartalsweise Aufbewahrung der Archivbänder)?
- Wo sind diese Rücksicherungsbänder gelagert?
- Wie schnell kann man auf diese Bänder zugreifen?
- Hat es in der Rücksicherungs- und Archivierungsstrategie Systemwechsel gegeben?
- Wer ist im Anlassfall die zuständige Ansprechperson seitens der IT?

Es gilt zwingend zu unterscheiden, ob man die Daten lediglich einmal gezielt akquiriert oder diese auch analysiert. Grundsätzlich stellt die forensische Datenakquisition rechtlich niemals ein Problem dar, da man vorhandene Daten lediglich sicherstellt. Erst wenn man beginnt, die Daten in entsprechende Analysetools einzuspielen und auszuwerten, sollte jedenfalls klar sein, dass ein entsprechend begründeter Verdacht auf ein strafrechtlich relevantes Fehlverhalten vorliegt und dies auch entsprechend dokumentiert ist.

Wie bereits öfters ausgeführt, ist die Dokumentation in Rahmen forensischer Tätigkeit die wichtigste Aktivität. Dies gilt insbesondere für die elektronischen Daten. Während des kompletten Datenakquisitionsprozesses muss eine durchgängige Dokumentation sichergestellt sein und auch mit Tools gearbeitet werden, welche gewährleisten, dass die akquirierten Daten auch nicht mehr verändert werden können. Sollte dieses spezielle Know-how im Unternehmen nicht in entsprechend ausreichender Form vorhanden sein, wird dringend empfohlen, sich zumindest für diese Tätigkeit eines externen Beraters zu bedienen.

E-Mail-Accounts

E-Mail-Accounts können in der Regel sehr einfach gesammelt und zur Verfügung gestellt werden. Die zuständige IT-Abteilung im Haus kann beispielsweise über den „Robocopy"-Befehl diese Daten aus der Serverlandschaft akquirieren und diese Files in .pst- oder .nsf-Format zur Verfügung stellen. Wichtig ist, und das kann nicht oft genug erwähnt werden, die lückenlose Dokumentation des Akquisitionsprozesses (Einhaltung der Chain of Custody).

Computer

Der größte Fehler bei der Analyse von elektronischen Daten ist in der Regel der Umstand, dass man das jeweilige Endgerät des Mitarbeiters einschaltet und im schlimmsten Fall auch beginnt, am eingeschalteten Gerät entsprechend zu recherchieren (siehe dazu auch wie bereits weiter oben ausgeführt Principle 1 der ACPO Guidelines). Sollten Sie dies machen, können Sie die gefundenen Daten in einem eventuellen Gerichtsverfahren nicht mehr als Beweismittel verwenden, da Ihnen unterstellt werden kann, die Daten und Dokumente entsprechend verändert zu haben.

Das Gerät ist also keinesfalls mehr einzuschalten. Wenn man daher vorab die Daten eines derartigen Gerätes sicherstellen will, nimmt man dieses Gerät dem Mitarbeiter einfach weg und versperrt es in einem Safe. Sollte man zur Entscheidung gelangen, auch die Daten auf dem Gerät entsprechend analysieren zu wollen, so hat man die Festplatte auszubauen und diese mit entsprechenden Tools forensisch zu akquirieren.

Für die forensische Akquisition von Laptops und Computer wird empfohlen, sich eines Tools wie beispielsweise EnCase Forensic von Guidancesoftware (www. guidancesoftware. com) oder dem Forensic Toolkit (www.accessdata.com) zu bedienen. Diese Software gemeinsam mit dem Einsatz eines Fastbloc (Tool, das verhindert, dass eine zu akquirierende Festplatte auch beschrieben werden kann) garantiert, dass die akquirierten Daten gerichtsfest für weitere Analysen zur Verfügung stehen. Durch die Generierung von Hashwerten stellt man sicher, dass die akquirierten Daten auch mit den Originaldaten identisch sind.

Mit der oben dargestellten Software kann in weiterer Folge eine Vielzahl bereits gelöschter Daten im Regelfall wiederhergestellt werden.

Auch hier ist die Dokumentation des Akquisitionsprozesses immens wichtig.

USB-Sticks, Mobiltelefone etc.

Für die forensische Analyse solcher Datenträger gilt im Wesentlichen die gleiche Vorgehensweise wie für die Analyse von Laptops und Computer.

Datenauswertung

Auch bei der Datenauswertung der oben beschriebenen Daten wird dringend empfohlen, geeignete Tools einzusetzen. Nur dadurch kann eine entsprechend effiziente und strukturierte, vor allem aber auch dokumentierbare Vorgehensweise garantiert werden. Das heißt, die akquirierten unstrukturierten Daten werden in ein Analysetool eingespielt und ausgewertet. Auf dem Markt gibt dafür eine Vielzahl von Tools unterschiedlichster Qualität. Als Entscheidungsgrundlagen für die Auswahl des richtigen Tools sei hier festgehalten, dass es von entscheidender Relevanz ist, mit welchen Datenmengen man letztendlich arbeitet (Wie oft wird man eine derartige Vorgehensweise im Rahmen von Untersuchungen wählen?). Für den klassischen Standardeinsatz erscheinen unseres Erachtens einfache und kostengünstige Tools wie beispielsweise Intella (www.intella.com) oder Nuix (www.nuix.com) ausreichend.

Sollten forensische Datenanalysen im größeren Umfang geplant sein, so ist es überlegenswert, umfangreiche E-Discovery-Lösungen wie beispielsweise Clearwell (www.clearwellsystems.com) oder Relativity (kcure.com/relativity) einzusetzen. Derartige Tools haben aber in der Regel den großen Nachteil, auf Gigabytebasis der analysierten Daten abzurechnen, was den Kostenfaktor nahezu unkalkulierbar macht (z.B. Clearwell).

All diesen Tools liegt die gleiche Logik zugrunde. Sie können E-Mails, aber auch Daten von Laptops oder Standgeräten schnell, strukturiert (Stichwortsuche u.dgl.) und auf gerichtsfeste Art und Weise analysieren.

Die Logik bei der Vorgehensweise zur Analyse unstrukturierte Daten stellt sich zusammengefasst wie folgt dar:

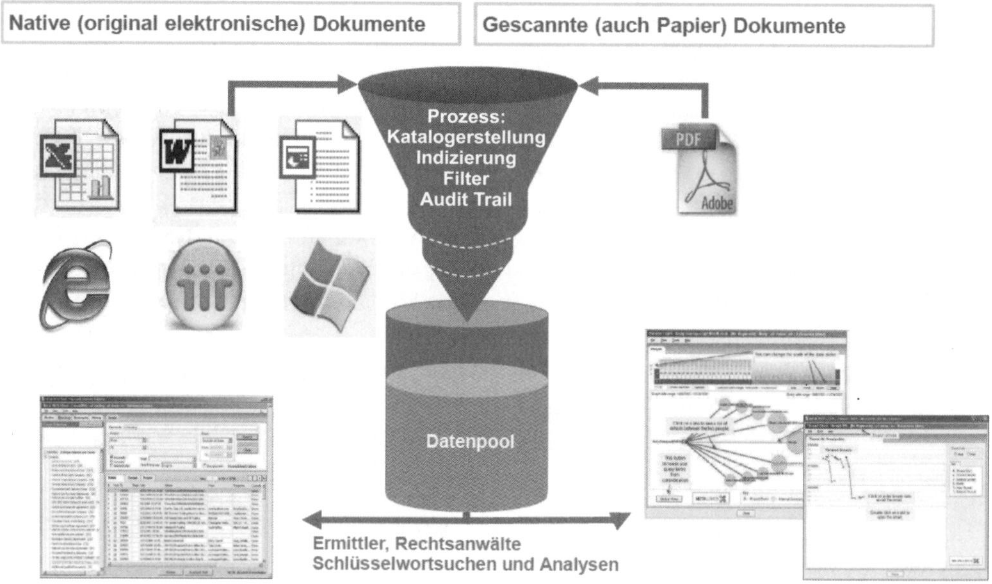

Abb. 33: Analyselogik unstrukturierter Daten

5.2.3.5. Interviews

Hinweis:

Sollte man dieses Thema entsprechend vertiefen wollen, so wird an dieser Stelle auf entsprechend weiterführende Literatur, wie beispielsweise „Interviewing and Interrogation" von Don Rabon oder das „Interviewing and Interrogation Toolkit" der ACFE[65]*, verwiesen. Darüber hinaus ist es auch ratsam, entsprechende Seminare zu diesem Thema zu besuchen. Zusammenfassend wird an dieser Stelle daher nur kurz Grundlegendes zu diesem Thema ausgeführt.*

Um Verdachtsfälle entsprechend sinnvoll aufzuklären, ist es natürlich auch notwendig, entsprechende Interviews zu führen. Dabei wird hier grundsätzlich von vier unterschiedlichen Personengruppen ausgegangen, nämlich von

- Auskunftspersonen, welche der Unternehmenssphäre zuzurechnen sind (Mitarbeiter),
- Auskunftspersonen, welche nicht der Unternehmenssphäre zuzurechnen sind (z.B. Lieferanten, Kunden),
- verdächtigten Personen, welche noch in einem aufrechten Arbeitsverhältnis zum Unternehmen stehen, und
- verdächtigten Personen, welche in keinem aufrechten Arbeitsverhältnis zum Unternehmen stehen (ehemalige Mitarbeiter).

---

[65] Association of Certified Fraud Examiners (www.acfe.com).

Je nach Personengruppe ist naturgemäß eine entsprechende Differenzierung in der Gesprächsführung vorzunehmen.

Sämtliche durchgeführten Interviews sind jedenfalls zu dokumentieren. Je nach Themenstellung kann eine derartige Dokumentation von der Erstellung eines schriftlichen Aktenvermerks über das Gespräch bis hin zur wörtlichen Aufzeichnung des Interviews (mit Unterstützung eines Diktiergeräts) gehen. Bei Verdachtsfällen, bei welchen mit Konsequenzen für die verdächtigte Person zu rechnen ist, empfiehlt es sich, ein Gesprächsprotokoll anzufertigen und dieses auch von der Auskunftsperson entsprechend unterschreiben zu lassen. Sollte eine Aufzeichnung von Interviews, wie bereits erwähnt, mit Unterstützung von Audio- oder Videogeräten durchgeführt werden, so ist dafür die schriftliche Zustimmung der interviewten Person einzuholen.

Nachfolgend dargestellte Eckdaten sollten für jedes Interview zur Sicherstellung der gerichtsfesten Verwendbarkeit immer dokumentiert werden:

- Ort des Interviews
- Beginn- und Endzeit des Gespräches (an diesen Daten lässt sich später die Intensität des Gespräches ableiten)
- Anwesende Personen (Namen und Funktion; z.B. XY, Vertrauensperson des Mitarbeiters AB)
- Belehrungen arbeitsrechtlicher Natur (falls diese erfolgt ist)
- Schlussbemerkung „Gelesen und mit dem Inhalt einverstanden" (falls Interview von Auskunftsperson unterschrieben wird)

Falls das Gesprächsprotokoll von der Auskunftsperson unterschrieben werden soll, ist es ratsam, sich jede einzelne Seite unterschreiben zu lassen (das Protokoll sollte auch eine Fußzeile mit Seitenanzahl aufweisen).

Die Verwertbarkeit eines unterschriebenen Gesprächsprotokolls vor Gericht ist zudem weit höher einzuschätzen und von höherem Gewicht als die von Protokollen, bei denen die Auskunftsperson die Unterschrift verweigert. Sollte dies der Fall sein, wird empfohlen, dies entsprechend zu dokumentieren („Unterschrift seitens der Auskunftsperson verweigert"). Will die Auskunftsperson Aussagen im Protokoll geändert wissen, wo sie selbst gegenteiliger Meinung ist, so soll sie diese Änderungen handschriftlich vornehmen und diesen Schritt mit Unterschrift bestätigen, um zu veranschaulichen, dass das Protokoll nachträglich und nicht vom Interviewer geändert wurde.

Der grundsätzliche Verlauf eines Interviews lässt sich in fünf Phasen einteilen:[66]

- Einführungsphase
- Informationsphase
- Prüfungsphase
- Konfrontationsphase
- Abschlussphase

Je nach Interviewpartner und Themenstellung finden die Phasen „Prüfung" und „Konfrontation" im Rahmen des Interviews keinen Niederschlag.

---

[66] Vgl *Mair/Müller/Rapberger* in *Petsche/Mair* (Hrsg.), Handbuch Compliance, 2010, S. 328 ff.

Einführungsphase

In diesem Teil der Befragung zielt man in erste Linie darauf ab, dem Gegenüber mitzuteilen, aus welchem Grund die Befragung stattfindet. Hier gilt es insbesondere, vertrauensbildende Maßnahmen zu setzen und die Kooperationsbereitschaft des Gegenübers zu erlangen.

Informationsphase

In einem nächsten Schritt gilt es, im Rahmen des Gesprächs Fakten zu sammeln, um sich ein geeigneteres Bild über die in Frage stehenden Sachverhalte zu machen.

Prüfungsphase

Sollte man im Rahmen des Interviews den Eindruck gewinnen, dass die Beantwortung der Fragen falsch oder unvollständig ist, so ist es empfehlenswert, dies auch zu hinterfragen. Je nach Situation wird angeraten, derartige Fragen erst zu einem fortgeschrittenen Zeitpunkt der Gesprächsführung zu stellen, da diese mitunter das Gesprächsklima massiv negativ beeinflussen können.

Konfrontationsphase

Bei verdächtigten Mitarbeitern wird man im Lauf der Gesprächsführung auch das Gegenüber mit den entsprechend vorgefundenen und dokumentierten Fakten und Anschuldigungen konfrontieren müssen. Diese Fragestellungen zielen im Wesentlichen darauf ab, mögliche Geständnisse zu dokumentieren.

Abschlussphase

Jedes Gespräch sollte würdevoll und fair beendet werden. Dies bedeutet beispielsweise auch, dass man den Gesprächspartner über die nächsten Schritte bzw. den weiteren Verlauf der Untersuchungen, soweit möglich, aufklärt. Darüber hinaus sollte man in der Regel anbieten, auch für weitere Gespräche etc. zur Verfügung zu stehen.

Auskunftspersonen

Unter Auskunftspersonen versteht man all jene Personen, welche bei der Aufklärung möglicher Verfehlungen mithelfen können.

Handelt es sich bei diesen Auskunftspersonen um Mitarbeiter des eigenen Unternehmens, so sind diese, abgeleitet aus dem Arbeitsrecht, jedenfalls auskunftspflichtig.

Einerseits hat man das Gespräch zu internen Mitarbeitern oft zu suchen, um Behauptungen vom Grundsatz her entsprechend plausibilisieren zu können (z.B. Prozesserhebungen). Andererseits kann und wird es auch notwendig sein, Mitarbeiter dahingehend zu befragen, ob sie von im Raum stehenden Verfehlungen wissen. Kann man Interviews zu ersteren Themenkreis noch leicht so gestalten, dass man bestehende Verdachtslagen nicht kommunizieren muss, so sind Befragungen zu letzteren Themenkomplex schon wesentlich heikler.

Man sollte also sehr genau abwägen, wie und zu welchem Zeitpunkt man derartige Interviews durchführt. Selbst wenn man bei solchen Interviews äußerst diskret vorgeht und weder den Namen des Verdächtigen nennt noch möglicherweise den Sachverhalt entsprechend zu verwässern versucht, so ist doch davon auszugehen, dass man dadurch mögliche weitere Verfolgungshandlungen vereitelt.

Daher empfiehlt es sich, solche Interviews nach Möglichkeit erst nach einem belanglosen ersten Gespräch (z.B. zu prozessimmanenten Fragestellungen) mit den verdächtigten Personen anzusetzen.

Handelt es sich bei der Auskunftsperson um betriebsfremde Personen, so sind diese naturgemäß nicht zur Auskunft verpflichtet. Auch für diesen Personenkreis gilt das oben dargestellte Vorgehen, wenn es darum geht, den Zeitpunkt zu definieren, wann mit diesen Personen das Gespräch gesucht wird. In schwerwiegenden Verdachtsfällen sollte man derartige Informationsquellen jedenfalls nützen. Die Praxis zeigt, dass auch dieser Personenkreis in der Regel bereit ist, Auskunft zu geben.

Verdächtige Personen

Das Interview von verdächtigen Mitarbeitern zählt zu der Königsklasse der forensischen Untersuchung und sollte jedenfalls nur von entsprechend geschultem und erfahrenem Personal durchgeführt werden.

Entgegen der weitverbreiteten Meinung, derartige Gespräche besonders hart und aggressiv führen zu müssen, ist genau das Gegenteil in der Regel der Weg zum Erfolg. Man sollte versuchen, so lange wie möglich die Gesprächsbasis mit der verdächtigen Person aufrechtzuerhalten. Einerseits ist oft nicht klar, ob die Verfehlung begangen wurde, andererseits sollte man sich nicht die Chance, an weiterführende Informationen zu kommen, durch ein machohaftes Vorgehen verbauen. Einfühlsamkeit (Zeigen von Verständnis für die möglicherweise begangenen Taten) und Geduld sind wesentliche Erfolgsfaktoren. Man sollte sich immer bewusst sein, dass Täter von wirtschaftskriminellen Taten in der Regel für ihre Vergehen eine entsprechende Rechtfertigung gefunden haben und daher der Meinung sind, sich nur das genommen zu haben, was ihnen rechtmäßig zusteht (siehe weitere oben Fraud Triangle). Das klassische schlechte Gewissen bzw. das notwendige Unrechtsbewusstsein ist oft nicht vorhanden.

Es wird dringend angeraten, all diese Gespräche entsprechend zu dokumentieren. Analog zu den Interviews mit Auskunftspersonen sind natürlich auch bei den Gesprächen mit verdächtigen Personen dieselben oben genannten Eckdaten zu dokumentieren. Zusätzlich wird angeraten, die verdächtigte Person auch darauf aufmerksam zu machen, dass sie sich nicht selbst beschuldigen muss (und dies natürlich auch entsprechend zu dokumentieren). Dies steht zwar im Widerspruch zu den Bestimmungen des Arbeitsrecht (welches besagt, dass jeder Arbeitnehmer zur Mitwirkung und Auskunft verpflichtet ist), es wird aber dennoch dazu geraten, diese Strategie zu verfolgen.

Wird das Interview als ein Konfrontationsinterview geführt, so sollte dieses immer von zwei Interviewern durchgeführt werden. Dadurch stellt man im Zweifelfall sicher, dass der Gesprächsinhalt und -verlauf auch entsprechend besser bezeugt und dokumentiert werden kann.

Für den Fall, dass im Vorfeld des Gespräches arbeitsrechtliche Konsequenzen aufgrund der Ergebnisse der Untersuchungen im Raum stehen, sollte man die Personalabteilung entsprechend informieren bzw. eine zuständige Ansprechperson auch auf Abruf zur Verfügung haben. Nur so kann man gewährleisten, bei entsprechender Verdachtslage zeitnah die entsprechenden notwendigen arbeitsrechtlichen Konsequenzen (Suspendierung bzw. Entlassung) zu setzen.

5.2.3.6. Netzwerkanalysen

Oft ist es im Rahmen von internen Ermittlungen notwendig, das (soziale) Netzwerk der verdächtigten Person(en) zu verstehen. Um dieses entsprechend einfach und verständlich analysieren zu können, bedient man sich Tools wie beispielsweise Analyst's Notebook von I2 (www.i2group.com/us/products/analysis-product-line) oder Sentinel (www.fmsasg.com). Mit diesen Instrumenten kann man Beziehung, Geldströme und Vergleichbares visualisieren und somit komplexe Verflechtungen grafisch leicht verständlich darstellen. Folgendes Beispiel veranschaulicht ein auf diese Weise dargestelltes Beziehungsgeflecht:

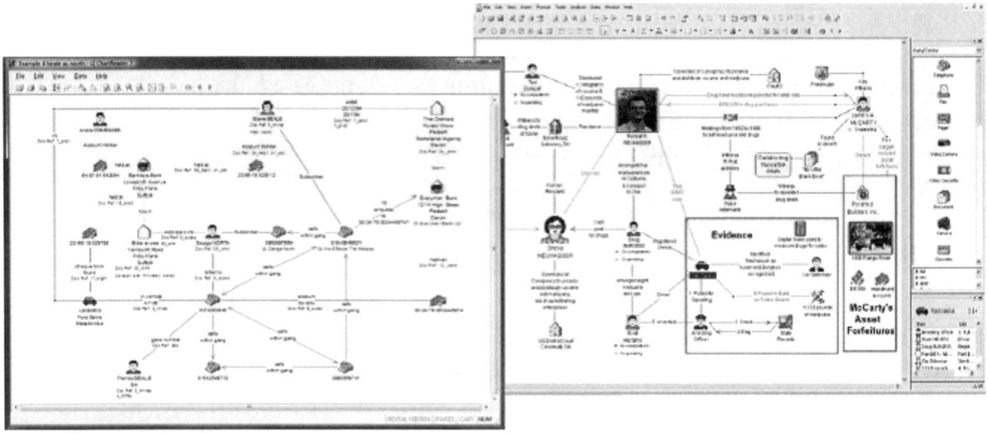

Abb. 34: Beispieldarstellung Beziehungsnetzwerk

5.2.3.7. Arbeitsrechtliche Konsequenzen

Ab einer gewissen festgestellten Faktenlage wird man gezwungen sein, entsprechende arbeitsrechtlich notwendige Konsequenzen einzuleiten. Sollte man diese nicht entsprechend zeitnah ziehen, verliert man vor dem Arbeitsgericht jeden Prozess, egal wie schwer die Verfehlung letztlich war, da man den Unverzüglichkeitsgrundsatz nicht eingehalten hat. Logische Vorgehenswiese in derartigen Fällen ist daher, die verdächtige Person im Rahmen eines Interviews mit der gesammelten Faktenlage zu konfrontieren, um dieser die Möglichkeit zu geben, zu den Anschuldigungen in angemessener und ausreichender Form Stellung zu nehmen. Sollten die Rechtfertigungsgründe nicht entsprechend stichhaltig sein, so ist zu Gesprächsende die Entlassung bzw. Suspendierung auszusprechen.

Einhergehend mit einer derartigen Maßnahme ist auch sicherzustellen, dass der Mitarbeiter ab diesem Zeitpunkt nicht mehr die Möglichkeit hat, das Unternehmen zu betreten (weder physisch noch virtuell).

Daher sind im Anschluss einer Entlassung oder Suspendierung nachfolgende Maßnahmen unumgänglich:

- Abnahme sämtlicher vom Betrieb zur Verfügung gestellten Utensilien (Laptop, Telefon, USB-Stick, Schlüssel, Zugangskarten, Token und Vergleichbares)
- Sperrung sämtlicher elektronisch eingerichteter Zugänge zum Unternehmen (beispielsweise Internetzugänge)

Im Anschluss an die Entlassung geht man mit dem Mitarbeiter zu seinem Arbeitsplatz, lässt ihn seine persönlichen Dinge einpacken und begleitet ihn zum Ausgang. Alternativ kann man den Mitarbeiter auch sofort aus dem Haus begleiten und ihm seine persönliche Dinge per Post nachschicken.

5.2.3.8. Behördenanzeige

Es wird dringend empfohlen, bei Delikten mit strafrechtlicher Relevanz jedenfalls den Gang zu den Behörden zu tätigen. Entscheidend für den weiteren Erfolg (Behördenermittlungen bis hin zu strafrechtlichen Verurteilungen) ist, wie detailliert und gerichtsfest man die eigenen Ermittlungen bereits geführt hat. Ist der Sachverhalt weitestgehend ausrecherchiert, wird die Behörde auf diesen Erhebungen entsprechend aufbauen und nur mehr die weiteren notwendigen Ermittlungen (beispielsweise Hausdurchsuchungen beim Beschuldigten, Kontoöffnungen) durchführen.

Durch die sorgfältige Anzeigenlegung stellen Sie selbst sicher, dass die Behörden vom weiteren Kooperationswillen Ihrerseits überzeugt sind und mögliche weitere Maßnahmen in Ihrem Unternehmen mit Ihnen entsprechend koordinieren werden. Sollte es zur Anklage kommen, können Sie sich im Gerichtsverfahren als Privatbeteiligter anhängen.

Es wird ausdrücklich davor gewarnt, die Behörde ohne die entsprechend vorab getätigte interne Untersuchung entsprechend einzubinden. Die Gründe dafür wurden bereits zu Beginn dieses Kapitel entsprechend dargestellt.

5.2.3.9. Forensischer Untersuchungsbericht

Über jede interne Untersuchung ist ein entsprechender schriftlicher Bericht zu legen. Dieser sollte entsprechend klar strukturiert und derart gestaltet sein, dass eindeutig nachvollziehbar ist, was der Gegenstand der Untersuchung war, auf welchem Verdachtsmoment dieser begründet war und wie die Untersuchung vonstattenging. Zudem soll angeführt werden, welche Erkenntnisse und Schlüsse gezogen wurden.

Eine mögliche Berichtsstruktur stellt sich wie folgt dar:

- Untersuchungsauftrag
- Durchführung der Untersuchung
- Management Summary
- Detaildarstellung der Untersuchungshandlungen
- Empfehlungen

Untersuchungsauftrag

In diesem einleitenden Kapitel stellt man dar, weshalb die Untersuchung (Anlass) durchgeführt wurde und welche Zielsetzung die Untersuchung hatte. Zusätzlich kann man hier auch Negativabgrenzungen vornehmen:

> ***Beispiel:***
> *Der Chief Compliance Officer hat am 12. Februar vom Vorstand den Auftrag erhalten, eine Sonderuntersuchung durchzuführen.*
> *Anlass der Untersuchung:*
> *Über das Meldesystem ist ein Hinweis eingegangen, der wie folgt lautet:*
> *„Ihr Mitarbeiter XY hat ...“*

Zielsetzung der Untersuchung:
Objektive und sachliche Evaluierung der Anschuldigungen und Erstellung eines schriftlichen Berichts, welcher als Beweismittel für ein mögliches Gerichtsverfahren dienen soll.
Sämtliche in diesem Bericht gemachten Ausführungen zu rechtlichen Fragestellungen sind als Hinweise zur juristischen Nachverfolgung zu verstehen. Sie stellen keine rechtliche Beurteilung dar.

Durchführung der Untersuchung

Hier wird zusammenfassend dargestellt, welche Prüfungshandlungen gesetzt wurden:

Beispiel:
Die Untersuchungshandlungen wurden in enger Abstimmung mit nachfolgenden Personen durchgeführt:
Herr XX, Leiter Einkauf
...
Dokumentenanalyse:
Durchsicht der Personalakte von Herrn AB
Sichtung der Bankbelege der Einkaufsabteilung
...
E-Mail-Analyse:
Akquisition, Aufbereitung und Analyse des Laptops von Herrn AB
...
Gespräche:
Informationsgespräch mit Frau ZK, Mitarbeiterin der Einkaufsabteilung
Interview mit Herrn AB zu den Anschuldigungen

Management Summary

Die wesentlichen Ergebnisse der Untersuchungen sind jedenfalls kurz und prägnant zusammenzufassen. Dabei hat sich in der Praxis die Darstellung in Bulletpoint-Form als besonders praktikabel gezeigt.

Detaildarstellung der Untersuchungshandlungen

Das Kernstück jedes Berichtes ist die detaillierte Darstellung der Untersuchungsmaßnahmen. Hier soll möglichst genau beschrieben werden, welche Maßnahmen wann, wie und wo gesetzt wurden, was dabei gefunden wurde und welche Rückschlüsse man daraus zieht. Die Erstellung eines solchen Berichtes ist daher extrem aufwändig und sollte nicht unterschätzt werden. Durch die Dokumentation der Arbeit stellt man jedoch sicher, dass diese Berichte auch von Behörden entsprechend angenommen und verwertet werden. Daher ist im Text bei jeder Behauptung auf eine Anlage zu verweisen, welche die jeweilige im Bericht getätigte Behauptung auch entsprechend dokumentiert.

Beispiel:
Herr AB nutzte die Firmenkreditkarte allerdings auch für privat veranlasste Ausgaben. So ist der Kreditkartenabrechnung vom 31.3.2010 zu entnehmen (siehe Anlage 1.3.4), dass ...

Daher sind Berichte über interne Untersuchungen in der Regel sehr umfangreich, wobei einen Großteil der Berichte der dazugehörige Anlagenband ausmacht.

Empfehlungen

Abgeleitet aus den Untersuchungsergebnissen wird man in der Regel Empfehlungen ableiten können, welche darstellen, wie vorgefundene Malversationen in Zukunft vermieden werden können bzw. wie weiter mit den Untersuchungsergebnissen vorgegangen werden soll.

5.3. Externe Kommunikation

Die Kommunikation spielt im Rahmen der internen Ermittlungen ebenfalls eine entscheidende Bedeutung. Auch hier gilt der Grundsatz, schon vorab eine entsprechende Strategie entwickelt zu haben.

Korruptions- und Betrugsfälle ziehen oft negative Berichterstattung mit sich. Verweigert man gänzlich die Stellungnahme bei Medienanfragen, hat dies meist negative Auswirkungen auf die Berichterstattung. Man sollte zumindest zu jeder Zeit auch gegenüber den Medien einen gewissen Kooperationswillen zeigen, ohne jedoch zu sehr ins Detail zu gehen. Es ist ratsam, dass jene Informationen, welche man den Medien preisgibt, jedenfalls stimmig mit den tatsächlichen Vorfällen und gesetzten Handlungen sind. Durch falsche Kommunikation geht man das Risiko ein, den Reputationsschaden noch auszuweiten (und eigentlich sollte ja Gegenteiliges der Fall sein). Auch für diesen Bereich ist es förderlich, sich mit der für die Kommunikation verantwortlichen Person/Abteilung entsprechend abzustimmen. Medienanfragen sind in derartigen Fällen immer und ausschließlich von einer Person zu beantworten. Nur so kann sichergestellt werden, dass man in Extremsituationen nach außen hin konsistent und glaubwürdig bleibt.

5.4. Interne Kommunikation

Für den Fall, dass intern Maßnahmen gegen verdächtige Mitarbeiter zu setzen sind, wird empfohlen, entsprechend gezielte Informationen auch an die Mitarbeiter weiterzugeben. Nur so kann man interne Gerüchte entsprechend kanalisieren und zudem vermeiden, dass die Mitarbeiter über die Medien Sachverhalte erfahren.

5.5. Notfallplan

Fasst man die oben dargestellten Elemente entsprechend zusammen, so hat man für den Fall der Fälle einen entsprechenden Notfallplan zur Hand und vermeidet ungewollte, unkoordinierte und meist kostspielige Ad-hoc-Entscheidungen.

Der klassische Notfallplan beinhaltet daher Antworten auf folgende Fragen:

- Wer leitet die Untersuchung (im Idealfall der Compliance Officer)?
- Wer führt die Untersuchung operativ durch (interne Mitarbeiter oder eine externe Firma)?
- Optional: Welches externe Unternehmen wird mit der Untersuchung beauftragt (Rahmenvertrag)?

- Wer ist die zuständige Ansprechperson in der Rechtsabteilung?
- Wer ist die zuständige Ansprechperson in der Personalabteilung?
- Wer ist die zuständige Ansprechperson in der IT-Abteilung?
- Wer beantwortet Medienanfragen?
- Wer ist Ansprechpartner für die Behörden?
- Wer entscheidet, ob elektronisch vorhandene Daten wie E-Mail-Accounts etc. akquiriert und analysiert werden (z.B. Compliance-Officer oder Komitee)?
- Wie und wann ist der Vorstand bzw. Aufsichtsrat zu informieren?

5.6. Remediation

Natürlich müssen aus den erzielten Ergebnissen einer internen Untersuchung auch die notwendigen Schlüsse im Hinblick auf organisatorische Verbesserungsmaßnahmen gezogen werden. Daher ist es zwingend erforderlich, diese Erkenntnisse regelmäßig mit dem Risikomanagement und der Abteilung, welche die Federführung für das interne Kontrollsystem innehat, zu diskutieren. Darüber hinaus ist es ratsam, die gewonnenen Erkenntnisse auch in den Schulungen entsprechend zu verarbeiten. Letztendlich werden sie auch in die zukünftige Risikoanalyse (Früherkennung) ihre Berücksichtigung zu finden haben.

Auch hier gilt es, sämtliche durchgeführten Tätigkeiten entsprechend zu dokumentieren, eine entsprechende Dokumentation darüber nachzuhalten.

6. Kommunikation

Kommunikation ist ein wesentlicher und oft unterschätzter Bestandteil eines funktionierenden CMS (frei nach dem Motto „Tue Gutes und sprich auch darüber").

Je nach Adressatenkreis unterscheidet man grundsätzlich zwischen interner (eigene Mitarbeiter) und externer Kommunikation (Betriebsfremde).

Die interne Kommunikation lässt sich dabei in vier wesentliche Bestandteile unterteilen:

- Mitarbeiterschulung und Mitarbeiteraufklärung
- Ad-hoc-Berichterstattung
- Jahresberichte
- Direkte Mitarbeiterinformation bei Verstößen

Bei der externen Kommunikation sind vor allem die Medienberichterstattung (Mediensteuerung) und die aktive Teilnahme bei Veranstaltungen u.dgl. von Bedeutung.

6.1. Mitarbeiterschulung und Mitarbeiteraufklärung

Der wesentlichste Bestandstandteil der Compliance-Kommunikation ist zweifelsohne das Instrument der Mitarbeiterschulung. Diese Gelegenheit, mit den Mitarbeitern in persönlichen Kontakt zu treten, sollte intensiv genutzt werden, um insbesondere auch „Werbung" für die eigene Tätigkeit zu machen. Daher ist auch dringend davon abzuraten, Compliance-Schulungen von externen Dienstleistern abhalten zu lassen. Darüber hinaus wird empfohlen, wo immer es möglich ist, den direkten Kontakt mit den Mitarbeitern zu suchen und das Integritäts- und Compliance-Thema und die damit verbundenen Aufgaben zu erklären.

Wesentlich bei der internen Kommunikation ist auch, dass diese kontinuierlich erfolgt. Nur durch die entsprechende Geduld wird man im Zeitverlauf die notwendige Awareness für das Thema erzielen können. Zudem sollten die Kommunikationsmittel und Wege, aber auch die Ausdrucksform zielgruppenorientiert angepasst werden. So wird der Mitarbeiter in der Werkstätte oder Fabrik intellektuell andere Ansprüche haben als die Top-Führungskraft des Unternehmens. Daher ist es ratsam, sich mit den Bedürfnissen der unterschiedlichen Zielgruppen auseinanderzusetzen und darauf aufbauend die notwendigen Informationen aufzubereiten (beispielsweise Infofolder). So wird sich eine Führungskraft beispielsweise intensiver mit dem Thema Essenseinladungen auseinandersetzen zu haben, während der Werkstättenmitarbeiter diesem Thema eher wenig abgewinnen kann.

Hierneben ist die herausragende Rolle der Führungskräfte anzuführen. Der „Tone from the Top"[67] (die Kommunikation zu den Themen Compliance und Werte) ist essentiell für die Vermittlung von Erwartungen, Normen und Einstellungen. Durch den „Tone from the Top" werden die grundlegenden Maßnahmen zur Umsetzung, Reflexion und Antizipation dieser unterstützt.

[67] Der „Tone from the Top" stellt die Kommunikation durch Führungskräfte in der Gesellschaft dar. Der „Tone at the top" spiegelt das persönliche Vorbildverhalten in Bezug auf Werte und Integrität wider.

Grundbausteine eines effektiven „Tone from the top“

- Nicht nur Aufgabe des CEOs/Geschäftsführers
  → Aufgabe einer jeden Führungskraft
- „Tone from the middle-management“
- Einfache, klare Statements
  → keine Verkomplizierung
  → zielgruppenspezifisch
- Persönliche Ansprache
- „Wahre Worte“/keine Lippenbekenntnisse
  → Herausheben der Unternehmenswerte/Leitlinien
- Herausstellen der Konsequenzen von Non-Compliance
- „Leben der Worte“ (auch „Zero Tolerance“)
- „Walk the Talk“ – ständige Interaktion zum Thema Compliance
- Hohe Priorität von Compliance (u.a. Anreize für Führungskräfte schaffen)

6.2. Ad-hoc-Berichterstattung

Im Idealfall ist, wie bereits weiter oben dargestellt, ein Compliance-Officer gegenüber dem Vorstand und Aufsichtsrat weisungsfrei gestellt. Trotz allem sollte der Vorstand und Aufsichtsrat bei Verdachtsfällen ab einem gewissen Schadenspotential (nicht nur finanziellen Ausmaßes, sondern auch im Hinblick auf Reputationsverlust) jedenfalls zeitnah informiert werden. Nur so ist gewährleistet, dass er auch bei einer entsprechenden Medienanfrage in adäquater Art und Weise informiert ist. Es liegt in der Verantwortung des Compliance-Officers, diese potentiellen Wert- und Schwellengrenzen mit den Unternehmensorganen zu vereinbaren. Die Ad-hoc-Berichte sollten möglichst kurz und strukturiert gehalten werden und Folgendes beinhalten:

- Was ist passiert?
- Wann ist es passiert?
- Wer ist in den Sachverhalt involviert (Personen und Abteilungen)?
- Wie ist man zu den bisherigen Feststellungen gelangt?
- Was sind die nächsten geplanten Schritte?
- Wann wird ein Follow-up zur Berichterstattung erfolgen?

6.3. Jahresbericht

Natürlich ist die Compliance-Abteilung gegenüber Vorstand und Aufsichtsrat berichtspflichtig. Es sind daher zumindest jährliche Berichte über die Tätigkeit zu erstellen. Diese Berichte sollten alle Eckpfeiler des CMS behandeln. Im Idealfall werden diese Jahresberichte derart gestaltet, dass diese auch veröffentlicht und somit allen Mitarbeitern, aber auch der breiten Öffentlichkeit präsentiert werden können. Nur durch eine derart offene und transparente Kommunikation stellt man sicher, dass das CMS entsprechend wahrgenommen wird, und unterstreicht damit auch die Ernsthaftigkeit des Systems.

Die Eckpfeiler, die in den Jahresbericht der Compliance einfließen sollten, sind:

- Compliance-Kultur, Ziele und Organisation
- Prävention
- Früherkennung
- Reaktion
- Optional CMS-Audits
- Ausblick

Compliance-Kultur, Ziele und Organisation

Das Fundament jeder Compliance-Organisation ist der „Tone at and from the Top". Daher sollte in jedem Jahresbericht zuerst auch zu diesem Mindset Stellung genommen werden. Darüber hinaus erscheint es zweckmäßig, die laufenden Änderungen in der Organisation (Umstrukturierungen und Personalveränderungen) darzustellen und diese kurz zu erläutern. Die strategische Ausrichtung der Organisation und die Gegenüberstellung der gesetzten Ziele mit der tatsächlichen Zielerreichung (Soll-Ist-Analyse) runden dieses einleitende Kapitel ab.

Prävention

Analog zum bereits vorgestellten CMS-Gesamtkonzept beschreibt man hier alle durchgeführten Änderungen/Neuerungen oder sonstigen Anpassungen im Bereich der Richtlinien und Vorschriften, aber auch die in der Berichtsperiode vorgefallenen gesetzlichen Änderungen.

Die Schwerpunkte in diesem Berichtsteil liegen jedoch auf den Bereich der Schulungsmaßnahmen und der Beratungstätigkeit.

Bei den Schulungen ist von Interesse, mit welchen Mitteln und Methoden die Zielpersonen angesprochen wurden, wie hoch der Durchdringungsgrad der Schulungen zu den Compliance-Themen, welche auf den Schulungsplan der jeweiligen Berichtsperiode standen, tatsächlich ist und welches Feedback zur Qualität des übermittelten Wissensinhalts von den Teilnehmern der Schulungen gekommen ist. Geplante Änderungen in diesem Bereich sollten ebenfalls dargestellt werden.

Eine statistische Darstellung über durchgeführte Beratungstätigkeiten (z.B. wie viele Anfragen zum Verhaltenskodex zu welchen Themenstellungen) ist ebenfalls sehr aufschlussreich, da man daraus auch Schwerpunkte für die zukünftige Ausrichtung der Schulungstätigkeit ableiten kann.

Sollten Anreizsysteme in der Organisation zu Compliance-Maßnahmen verankert sein, ist naturgemäß auf diese einzugehen (Wie wurde das Anreizsystem angenommen? Sind die Anreize messbar? Welche Anreizsysteme soll man weiterverfolgen bzw. erscheinen geeignet oder eben nicht geeignet?) und zu resümieren, ob ein solches Anreizsystem in Zukunft weiterhin geführt werden soll.

Früherkennung

Insbesondere die Themengebiete Hinweisgebersystem und anlassunabhängige Audits eignen sich ausgezeichnet zur statistischen Aufbereitung grundlegender Informationen zum CMS.

Der Bereich Risikoanalyse sollte eine kurze Darstellung der in diesem Bereich implementierten Maßnahmen beinhalten (z.B.: Welcher Input wurde in Richtung IKS und Risikomanagement gegeben? Haben die gesetzten Maßnahmen entsprechende Rückmeldungen ergeben? Welche Maßnahmen sind für die Zukunft geplant?).

Sollte ein Integrity Barometer implementiert sein, so ist naturgemäß die Darstellung der Entwicklung über die Jahre hinweg von besonderem Interesse.

Reaktion

Dieser Berichtsteil eignet sich zur anonymisierten Darstellung von Fällen, bei welchen interne Untersuchungsmaßnahmen durchgeführt wurden. Wesentliche Teile dieses Themenfeldes können bereits bei der statistischen Darstellung der gesamten Fälle (wie beim Hinweisgebersystem beschrieben bzw. auch die daran geknüpften Verbesserungsmaßnahmen) ihren Niederschlag finden.

CMS-Audits

Sollte ein CMS-Audit im Gange sein (beispielsweise IDW-PS-980-Prüfung), so ist auch darüber ein Statusbericht abzugeben.

Ausblick

Der Jahresbericht endet mit einem kurzen Ausblick auf die geplanten Tätigkeiten und möglichen Herausforderungen für das kommende Jahr. Daher eignet sich dieser Berichtsteil auch dafür, dem Management notwendige Maßnahmen in entsprechender Form zu kommunizieren.

6.4. Direkte Mitarbeiterinformation bei Verstößen

Im Falle von massiven Compliance-Verstößen, welche unmittelbare Maßnahmen wie Entlassungen bzw. Suspendierungen zur Folge haben, oder für den Fall, dass unangenehme Medienberichterstattungen stattfinden, kann es notwendig sein, zumindest gegenüber einem ausgewählten (betroffenen) Mitarbeiterkreis Informationsmaßnahmen zu erwägen. Diese sollen in erster Linie dazu dienen, den Mitarbeitern entsprechenden Rückhalt und Sicherheit zu geben. Darüber hinaus ist es ein wichtiges Zeichen der Wertschätzung, die Mitarbeiter, soweit möglich, aus dem Unternehmen heraus zu informieren. Dabei ist auch darauf Bedacht zu nehmen, wer die Information der Mitarbeiter ad personam tatsächlich vornimmt. Je nach Schwere und Tragweite des Compliance-Verstoßes kann diese Kommunikation durch den direkten Vorgesetzten, den Compliance-Officer, aber letztlich auch durch den Vorstand direkt erfolgen. Wichtig bei derartigen Kommunikationen ist es immer, eine möglichst neutrale und sachliche Darstellung der Situation vorzunehmen und keinesfalls Emotionen zu schüren.

Beispiel für eine suboptimale Kommunikation

Da der Mitarbeiter AB höchst korrupt ist, mussten wir uns kurzfristig von ihm trennen. Wir hoffen, dass wir keine weiteren korrupten Mitarbeiter insbesondere in Ihrer Abteilung ausfinden machen. Darüber hinaus wird Ihnen klar sein, dass jede Information Ihrerseits an die Medien entsprechend geahndet werden wird. Wir haben ein Auge auf Sie.

Beispiel für eine geeignete Kommunikation

Liebe Mitarbeiter! Aufgrund interner Erhebungen besteht der begründete Verdacht, dass der Mitarbeiter AB Ihrer Abteilung möglicherweise unredliche Handlungen gesetzt hat. Wir waren daher gezwungen, arbeitsrechtliche Schritte zu unternehmen. Natürlich wird der Sachverhalt weiter verfolgt, zumal wir an einer objektiven und sachlichen Aufarbeitung interessiert sind. In diesem Zusammenhang wollen wir Ihnen unser Vertrauen aussprechen und laden Sie ein, uns bei der Sachverhaltsaufklärung zu unterstützen. Wir ersuchen Sie, eine diesbezügliche Medienanfrage nicht zu beantworten, sondern an die Kommunikationsabteilung weiterzuleiten.

6.5. Medienberichterstattung

Je nach Unternehmensgröße erscheint es auch durchaus zweckmäßig, entsprechende Kommunikationslinien zu Medien aller Art aufzubauen. Dies erfolgt in der Regel über die Kommunikationsabteilung. Insbesondere durch Interviews von und Hintergrundgespräche mit Medienvertretern erreicht man so, dass Medien auch über die Compliance-Aktivitäten des eigenen Unternehmens berichten und das Unternehmen so in ein gutes öffentliches Licht rücken.

In Krisensituationen wird dringlichst empfohlen, die Berichterstattung in allen Fällen mit der internen Kommunikationsabteilung (wenn vorhanden) und der Rechtsabteilung abzustimmen oder einen externen Berater hinzuzuziehen. Unkoordinierte Medienarbeit hat sehr rasch zur Folge, dass der Reputationsverlust des eigenen Unternehmens weit höher als letztlich notwendig ist.

Abb. 35: Corporate-Responsibilty-Kommunikation bei BAE Systems[68]

---

[68] Quelle: http://www.baesystems.com/our-company-rzz/corporate-responsibility/code-of-conduct?_afrLoop=49328513683000.

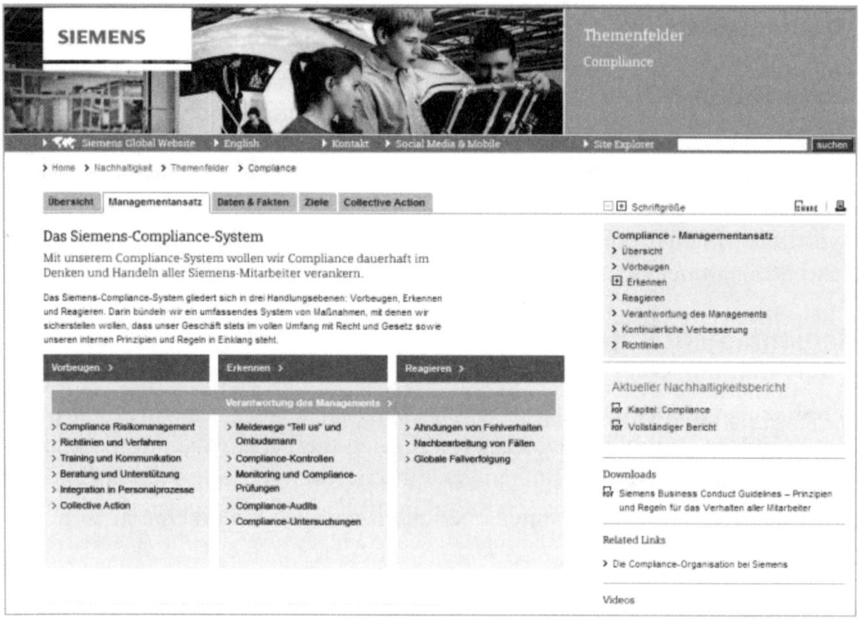

Abb. 36: Corporate-Compliance-Kommunikation bei der Siemens AG[69]

Hierneben werden Compliance- und Wertemanagementsysteme vermehrt als Wettbewerbsvorteil in der externen Unternehmenskommunikation genutzt. Die Präsentation der Unternehmenswerte sowie der Anstrengungen im Bereich Compliance-Management-Systeme demonstriert das Integritätsmanagement im Konzern. Viele Unternehmen nutzen gezielt die Kommunikation des Code of Conduct, um auf die Erwartungshaltung gegenüber den jeweiligen Geschäftspartnern aufmerksam zu machen.

6.6. Vortragstätigkeit

Ein oft unbeachteter, aber doch wesentlicher Erfolgsfaktor der externen Kommunikation ist die Vortragstätigkeit als Compliance-Officer bei externen Veranstaltungen an einschlägigen Instituten (Institut für Interne Revision, Institut der Wirtschaftsprüfer etc.), an Universitäten und vergleichbaren Einrichtungen. Durch diese wesentliche öffentliche Präsenz und die daraus resultierende positive Wahrnehmung durch die Öffentlichkeit erleichtern Sie sich als Compliance-Officer insofern Ihre Tätigkeit, als dass mögliche und tatsächliche Geschäftspartner Ihnen mit der notwendigen Sorgfalt begegnen und Sie Ihre Mitarbeiter erst gar nicht in Konfliktsituationen bringen (z.B. durch unangemessene Essenseinladungen).

[69] Quelle: http://www.siemens.com/sustainability/de/themenfelder/compliance/managementansatz/index.php.

7. Compliance-Systemprüfungen

Ein Unternehmen unterliegt – bedingt durch das wirtschaftliche Umfeld – einem kontinuierlichen Wandel. Werttreiber und Wertschöpfung verschieben sich, Unternehmen expandieren oder schrumpfen, Unternehmen gehen in neue Märkte oder verlassen diese. Aus diesem Grunde unterliegt auch das Compliance-Management-System eines jeden Unternehmens einer kontinuierlichen Entwicklung. Es ist die Rolle des Compliance-Verantwortlichen, sich dieser Systemprüfung anzunehmen, diese entsprechend durchzuführen und Maßnahmen abzuleiten.

Für die Durchführung bestehen zwei Optionen:

Interne Durchführung einer Systemprüfung

Der Compliance-Verantwortliche ist natürlich frei in der Wahl seines Vorgehens. So kann er sich für die Durchführung solcher Prüfungen eigener (abteilungs-)interner Ressourcen bedienen oder diese Prüfungen gemeinschaftlich mit weiteren Risikofunktionen (bspw. Revision oder Risikomanagement) durchführen. Ziel ist es hierbei, auf Basis einer aktualisierten Compliance-Risikoanalyse sowie eines System-Assessments[70], die Ausgestaltung des Compliance-Systems zu hinterfragen und die Einhaltung von etablierten Maßnahmen zu überprüfen. Analog hierzu kann sich der Compliance-Verantwortliche bzw. die verantwortlichen Organe der Gesellschaft externen Ressourcen (bspw. Anwaltskanzleien oder Wirtschaftsprüfer) bedienen und die Prüfung somit an einen unabhängigen Dritten auslagern, was im Folgenden beschrieben wird.

Externe Durchführung einer Systemprüfung

Bei einer externen Systemprüfung beurteilt eine unabhängige Instanz die Ausgestaltung, Implementierung und Einhaltung (Wirksamkeit) der organisatorischen und prozessualen Systemelemente. Grundlage hierfür können bspw. international anerkannte Rahmenkonzepte wie die US Federal Sentencing Guidelines oder die „Adequate procedures to prevent and detect bribery“ des UK Bribery Acts sein. In diesem Kontext ist insb. der in Deutschland entwickelte Prüfungsstandard des Instituts der Wirtschaftsprüfer (IDW) IDW PS 980 anzuführen. Dieser grundlegende Standard zur Beurteilung eines Compliance-Management-Systems wird im folgenden Absatz kurz skizziert:

Am 11. März 2011 hat der Hauptfachausschuss (HFA) des Instituts der Wirtschaftsprüfer (IDW) den Prüfungsstandard (PS) zur Prüfung von Compliance-Management-Systemen (CMS) verabschiedet. Der IDW PS 980 wurde auf Basis einer Vielzahl von Kommentierungen aus Industrie und Interessenverbänden an unterschiedlichen Stellen im Vergleich zur Entwurfsfassung überarbeitet. Die Veröffentlichung des Standards erfolgte im April 2011 in den Fachnachrichten, was ihn somit für Wirtschaftsprüfer und Wirtschaftsprüfungsgesellschaften zu einem verbindlichen Standard machte.

Mit diesem Prüfungsstandard hat das IDW auf die zunehmende Nachfrage der Praxis nach einer unabhängigen Aussage zur Beurteilung von CMS reagiert. Das IDW begrün-

---

[70] Evaluierung alle notwendigen und bestehenden Prozesse, Elemente, Kontrollen, organisatorische Maßnahmen etc.

det den Bedarf nach dem Prüfungsstandard damit, dass die Nichteinhaltung von zu beachtenden Regeln und Richtlinien für Unternehmen zu gravierenden wirtschaftlichen Nachteilen sowie für die Unternehmensorgane zu persönlichen haftungs- und strafrechtlichen Risiken führen kann.

Um die Einhaltung der relevanten Regeln und Richtlinien in Unternehmen sicherzustellen und den genannten Risiken für die Unternehmensorgane zu begegnen, richten Unternehmen zunehmend CMS ein, deren Hauptanliegen die Vermeidung von Straftaten ist.

Der Prüfungsstandard enthält keine rechtlich verbindlichen Vorgaben für die Ausgestaltung eines CMS, auch verschärft dieser nicht die Anforderungen an das CMS. Der Standard und die hier beschriebenen Anforderungen an die Ausgestaltung eines CMS gehen nicht über das hinaus, was sich in bisherigen Rahmenkonzepten sowie führenden Industrie-Compliance-Systemen bis dato wiederfindet. Jedoch stellt der Standard erstmals in Deutschland zusammenfassend die Rahmenwerke und die sieben Grundelemente eines CMS übersichtsartig dar und beschreibt den Inhalt von CMS-Prüfungen durch Wirtschaftsprüfer.

Somit ist davon auszugehen, dass der Standard in der Zukunft als Maßstab für die Anforderungen und die Einrichtung eines CMS angesehen wird und es somit zu einer zunehmenden Standardisierung von CMS kommen wird. Der IDW PS 980 unterstützt daher Unternehmen in der Konzeption und Implementierung von unternehmenseigenen CMS, indem ein einheitlicher Rahmen für CMS und deren Grundlagen definiert wird. Sobald von den Vorgaben des Standards abgewichen wird, wird dies bei zunehmender Akzeptanz des Standards zu einem höheren Begründungsaufwand führen.

Der IDW PS 980 beschreibt sieben grundlegende Elemente eines standardkonformen Compliance-Management-Systems (siehe Abb. 37 auf der nächsten Seite), die auf die Begrenzung der Compliance-Risiken und damit auf ein regelkonformes Verhalten abzielen. Die Beschreibung der sieben Grundelemente ist hierbei für die Erfüllung des Prüfungsobjektes zwingend notwendig – nichtsdestotrotz bieten alle sieben Grundelemente des PS 980 ausreichend Spielraum für die Unternehmen, ihre CMS unternehmensspezifisch und auf gewachsene Unternehmensstrukturen und -prozesse hin anzupassen.

Zudem ist anzumerken, dass die Definition des Risikospektrums des IDW PS 980 im Bereich Compliance weder vorgegeben noch abschließend ist. Jedes Unternehmen muss nach IDW PS 980 die eigenen Risiken so definieren, dass diese auch zutreffend sind. Jedoch zeigt die Industriepraxis, dass sich diese Unternehmen im Wesentlichen auf Anti-Korruption, Wettbewerbs-/Kartellrecht, Datenschutz- und Datensicherheit sowie Exportkontrolle beschränken.

Der Prüfungsstandard selbst regelt die Anforderungen an freiwillige Prüfungen von CMS, eine Prüfungspflicht von CMS wird durch den Standard aber nicht konstituiert. Es stellt sich jedoch die Frage, inwieweit durch die Veröffentlichung des Standards eine faktische Prüfungspflicht entsteht und eine Prüfung nach den Anforderungen des IDW PS 980 als „antizipiertes Sachverständigengutachten“ angesehen wird.

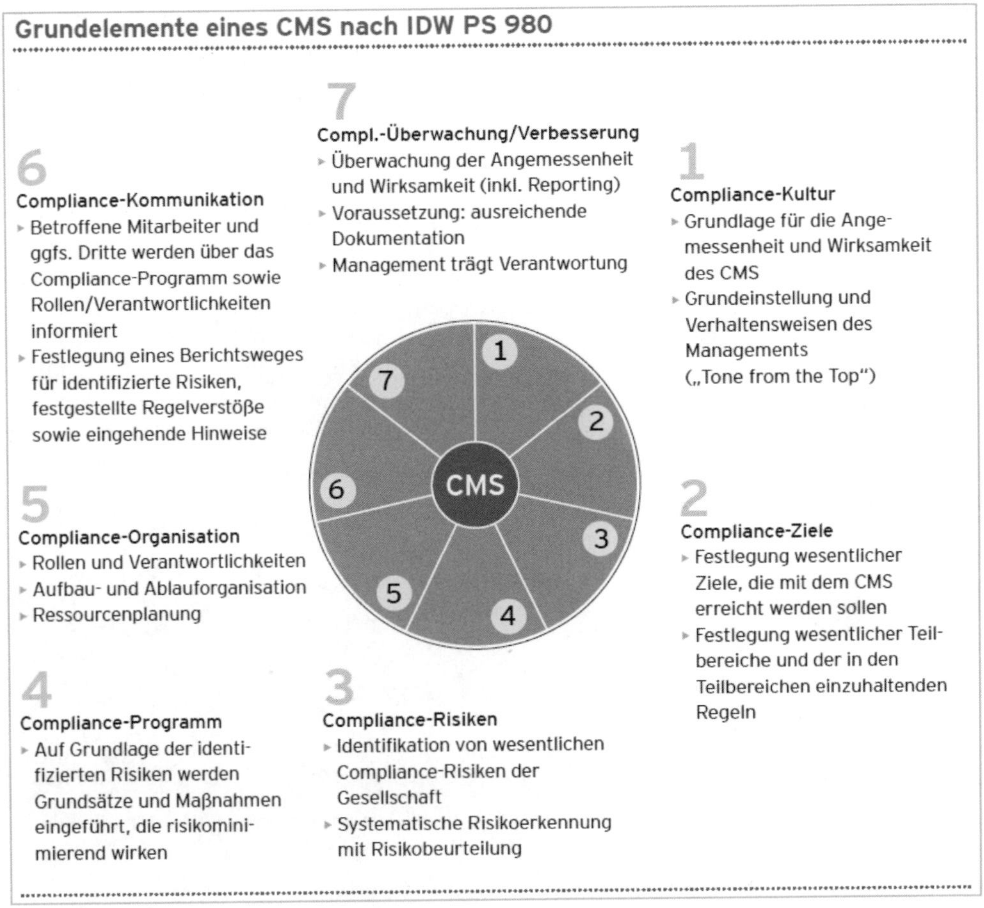

Abb. 37: Die sieben Grundelemente eines Compliance-Management-Systems nach IDW PS 980[71]

Im Falle von Non-Compliance im Unternehmen könnte die Prüfung des CMS durch einen unabhängigen Prüfer gegen die Annahme einer Pflichtverletzung durch die Unternehmensorgane sprechen und den Nachweis des Vorstandes, bei Ansprüchen nach § 93 Abs. 1 AktG (Deutschland) nicht pflichtwidrig und schuldhaft gehandelt zu haben, erleichtern.

Umgekehrt könnte der Verzicht auf eine Prüfung des CMS die Widerlegung der Vermutung der nicht ordnungsmäßigen Geschäftsführung entsprechend erschweren. Inwieweit der Standard in der Praxis eine zunehmende Akzeptanz bis hin zur faktischen Prüfungspflicht erfahren wird, kann heute noch nicht beurteilt werden.

Das IDW verdeutlicht im PS 980 den Anspruch an ein industriekonformes Compliance-Management-System, dessen Einrichtung, Ausgestaltung und Überwachung im

---

[71] Quelle: *Ernst & Young*, Der IDW PS 980 (2011), S. 2.

Organisationsermessen der gesetzlichen Vertreter ist. Zur Überprüfung der Standardkonformität sieht der Standard drei verschiedene Prüfungstypen vor:

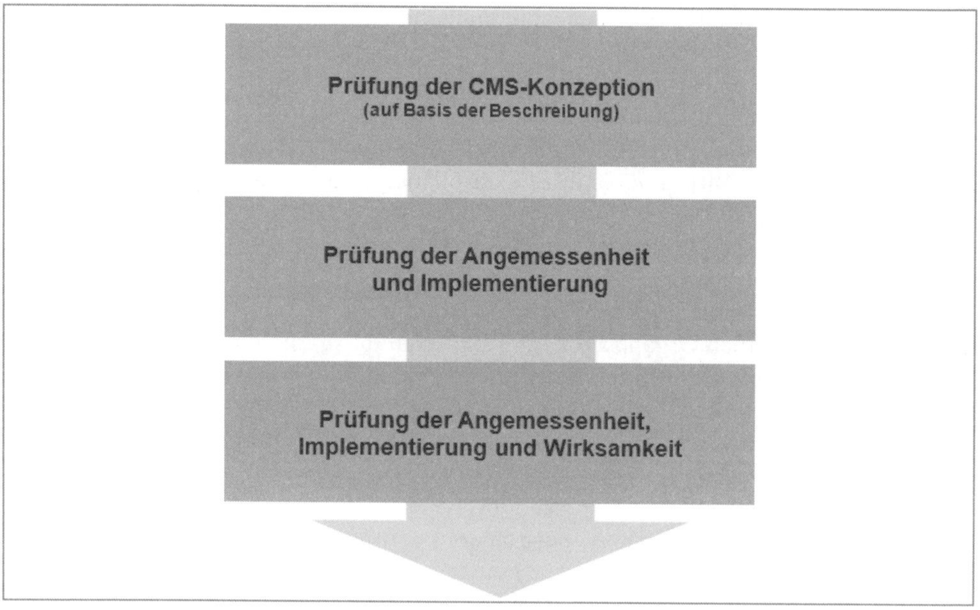

Abb. 38: Prüfungstypen nach IDW PS 980

- **Konzeptionsprüfung:**
  Beurteilung, ob die Aussagen der gesetzlichen Vertreter in der CMS-Beschreibung angemessen dargestellt sind.
- **Angemessenheits- und Implementierungsprüfung:**
  Beurteilung, ob die Aussagen der gesetzlichen Vertreter in der CMS-Beschreibung angemessen dargestellt sowie im Unternehmen implementiert sind.
- **Wirksamkeitsprüfung:**[72]
  Beurteilung, ob die Aussagen der gesetzlichen Vertreter in der CMS-Beschreibung angemessen dargestellt, im Unternehmen implementiert sowie wirksam sind.

Die größte Herausforderung, vor der Unternehmen aktuell stehen, ist die Integration des CMS in bereits bestehende Unternehmensstrukturen und Unternehmensprozesse, wie z.B. das Risikomanagementsystem und das interne Kontrollsystem. Compliance soll hierbei kein Parallel-/Nebensystem zwischen bereits bestehenden Systemen und Mecha-

[72] Unter Wirksamkeitsprüfung wird in diesem Kontext nicht verstanden, dass das Unternehmen, welches die Prüfung über sich ergehen lässt, frei von dolosen Handlungen ist. Vielmehr versteht man unter dem Wirksamkeitsbegriff nach IDW PS 980 eine Ordnungsmäßigkeitsdefinition, dass wesentliche Elemente der CMS-Beschreibung im operativen Tagesgeschäft nach den entsprechenden Vorgaben funktionieren. Im Rahmen der Prüfung wird die Einhaltung in Stichproben durch den jeweiligen Wirtschaftsprüfer geprüft und beurteilt.

nismen sein. Vielmehr gilt es, die sieben Grundelemente integrativ und harmonisch in die bereits bestehenden Systeme und Kontrollen zu verzahnen sowie effektiv und effizient im Unternehmen umzusetzen.

Auch in der externen Unternehmenskommunikation nimmt die Bedeutung von Compliance stetig zu. Hier fordern immer mehr Unternehmen von ihren Geschäftspartnern und Stakeholdern Nachweise ein, dass entsprechende Strukturen zur Einhaltung gesetzlicher Regelungen, aber auch ethischer Werte geschaffen wurden.

Die Prüfung nach IDW PS 980 unterstützt Unternehmen in der transparenten externen Darstellung der Wirksamkeit ihres Compliance-Management-Systems und deren Kommunikation. So ist hierfür im Prüfungsstandard eine zusätzliche Kurzberichtsform für die Wirksamkeitsprüfung vorgesehen, die in einem entsprechenden Rahmen für die externe Kommunikation vorgesehen ist.

Die Konzeptions- und die Angemessenheitsprüfung hingegen sind Prüfungen, die in erster Linie den internen Organen zur Information und Prüfung dienen sollen – eine externe Kommunikation dieser Prüfungsergebnisse ist in dem Standard nicht vorgesehen. Jedoch bestehen auch für diese Prüfungen die Möglichkeiten in externen Publikationen, wie z.B. dem Geschäftsbericht, auf die durchgeführte Konzeptions- bzw. Angemessenheitsprüfung hinzuweisen.

Durch den IDW PS 980 „Grundsätze ordnungsmäßiger Prüfung von Compliance-Management-Systemen" wurde nun ein Standard definiert, der Unternehmen einen Rahmen zur Ausgestaltung des Compliance-Management-Systems bietet. Neben der detaillierten Prüfungsbeschreibung bietet er Unternehmen Hilfestellung und Anhaltspunkte und beschreibt die Erwartungshaltung an ein Compliance-Management-System. Der Wunsch nach externer Kommunikation der Prüfungsergebnisse wurde im möglichen Kurzbericht zur Wirksamkeitsprüfung aufgenommen, sodass die Prüfung für Unternehmen auch als Marketinginstrument dienen kann. Außerdem können Vorstands- und Aufsichtsratsmitglieder die Erfüllung ihrer Sorgfaltspflichten durch eine Prüfungsdurchführung belegen und die Prüfung des CMS als Indiz zur Pflichterfüllung der Unternehmensorgane dienen.

Beispiele

- *ThyssenKrupp AG – Prüfungsbericht zur Prüfung des Compliance-Management-Systems: http://www.thyssenkrupp.com/documents/investor/ThyssenKrupp_Pruefungsbericht_2011_09_30.pdf*
- *Deutsche Telekom AG, Zertifizierung der Compliance Organisation http://www.telekom.com/compliancezertifizierung*

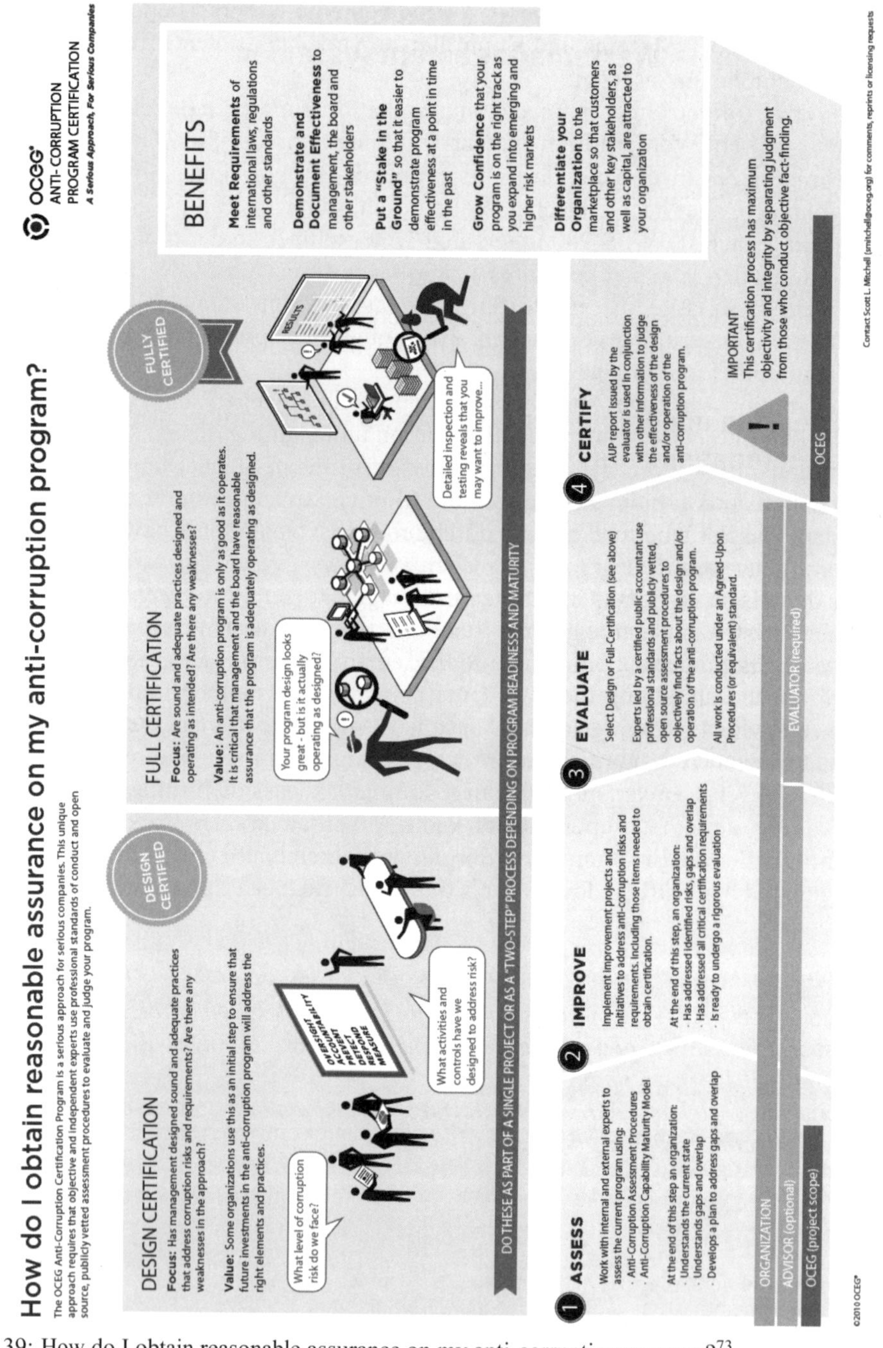

Abb. 39: How do I obtain reasonable assurance on my anti-corruption program?[73]

---

[73] Quelle: *Open Compliance and ethics group/Ernst & Young* (2007b), o.S.

8. Implementierung von Compliance- und Wertemanagementsystemen

Nachdem in den vorangegangenen Kapiteln die grundlegenden Definitionen zu Corporate Compliance, das entsprechende Rahmenwerk sowie die grundlegenden Elemente von Compliance-Management dargestellt wurden, widmen wir uns in diesem Kapitel den Grundelementen der erfolgreichen Umsetzung von Corporate Compliance im Unternehmen.

Jedes Unternehmen hat es sich indirekt oder direkt zum Ziel gesetzt, eine effektive, effiziente und nachhaltige Implementierung solcher Systeme zu verfolgen. Zu den wesentlichen Erfolgsfaktoren wollen wir im Folgenden eine Übersicht bieten.

8.1. Konzeption und Implementierung von Compliance- und Wertemanagementsystemen

Eine Konzeption und Implementierung eines effektiven Compliance- und Wertemanagement-Systems bedarf einer umfassenden Planung und Vorbereitung sowie eines umfassenden und kontinuierlichen Projektmanagements. Des Weiteren ist es essentiell, sich stets über die Risikoausrichtung und die Verhältnismäßigkeit der gesetzten oder zu setzenden Risikobewältigungsmaßnahmen zum identifizierten Risiko Gedanken zu machen.

Um die Implementierung eines Compliance- und Wertemanagementsystems zur vollen Zufriedenheit und Akzeptanz aller beteiligten Personen durchzuführen, ist es essentiell, stets auf folgende Faktoren zu fokussieren und diese während des gesamten Projektverlaufs (und auch darüber hinaus) zu forcieren:

Unterstützung des Managements

Im Rahmen des gesamten Projekts ist die interne Unterstützung und die Vorbildfunktion des Managements essentiell. Während des Projekts wird es zu einer Vielzahl an Diskussionen und Konfliktsituationen kommen, in denen die Relevanz der Thematik und die Priorität von deren Umsetzung durch die Unternehmensvertreter stets betont werden müssen. Ansonsten besteht von Beginn an die Gefahr, dass das Compliance- und Wertemanagement-System durch die Mitarbeiter nicht ernst genommen und damit nicht gelebt wird („Tone from the Top" sowie „Tone at the Top")

Ausreichende Zeit und Ressourcen

Die Konzeption und Implementierung eines Compliance- und Wertemanagement-Systems ist eine längerfristige Aufgabe (meist über Monate), für welche viel Zeit für Analysen, Anpassungen und Kommunikation verwendet wird. Demzufolge ist die Planung von ausreichenden Ressourcen (personell sowie finanzielle Mittel) zwingend notwendig.

Integration von Fachbereichen

Neben strategischen Risiken, welche durch das Unternehmensleitbild und die daraus entstehenden Geschäftsfelder Eingang in das Compliance- und Wertemanagement-System finden, ist der Großteil aller Unternehmensrisiken operativer Natur und stellen somit prozessimmanente Risiken dar.

Daher sind solche operativen Risiken und deren mitigierende Maßnahmen eng mit den jeweiligen Unternehmensprozessen verzahnt, denen diese innewohnen. Effektive Compliance- und Wertemanagement-Systeme leben von solch engen Verzahnungen.

Überzeugung, Akzeptanz und Reflexion hinsichtlich eines zu implementierenden Compliance- und Wertemanagement-Systems erreicht man nur durch die Integration von wesentlichen Risikoträgern (also Personen, die Risiken zunächst und/oder letztlich tragen, d.h. auch die Risikoauswirkungen zu berücksichtigen haben) in den Konzeptions- und Implementierungsprozess. Hier sollte jedoch berücksichtigt werden, dass der ultimative Verantwortliche stets der Compliance-Beauftragte bleibt.

Auf Basis der oben genannten Erfolgsfaktoren sollte eine Projektleitung im Bereich Compliance benannt werden, die umfassend für die Konzeption und Implementierung des Compliance- und Wertemanagement-Systems verantwortlich ist. Im Rahmen des Projektplanes sollten die Meilensteile zur Konzeption und Implementierung einzelner Teilelemente bestimmt, die entsprechenden Analyseschritte und zu involvierenden Personen benannt sowie die Regelberichterstattung an die Projektsponsoren terminiert werden. Wir weisen nochmals darauf hin, dass man stets mit einem gewissen Augenmaß die Einzelmaßnahmen konzipieren und implementieren sollte.

Hierneben sei angemerkt, dass die Konzeption und Implementierung eines Compliance- und Wertemanagementsystems einen langfristigen Change-Management-Prozess in einem Unternehmen darstellt. Viele Änderungen/Anpassungen lassen sich nur langsam im Unternehmen umsetzen, um so auch die Organisation nicht mit Compliance-Anpassungen entsprechend zu überlasten. Sicherlich gibt es bei der Implementierung begünstigenden Faktoren[74], auf die jedoch in der weiteren Diskussion nicht weiter eingegangen wird.

Im Rahmen des Projektplans sollten zudem Meilensteile zur Konzeption und Implementierung einzelner Teilelemente bestimmt werden, um den Gesamtumfang des Projekts nicht aus den Augen zu verlieren. Auch sollten die entsprechenden Analyseschritte (Prozessanalysen, Risikoidentifizierungen etc.) und zu involvierenden Personen benannt sowie die Regelberichterstattung an die Projektsponsoren terminiert werden.

Zurückführend auf Möglichkeiten zur Konzeption und Implementierung eines Compliance- und Wertemanagementsystems möchten wir auf das folgende bewährte System eingehen:

[74] Bspw. Unternehmenskrisen oder medienwirksame Non-Compliance-Fälle. Siemens, Daimler, MAN und Ferrostaal konnten bspw. die Umsetzung auf Basis des medienwirksamen Monitorings mit einer viel schnelleren Geschwindigkeit und Effektivität umsetzen als Unternehmen, die sich strukturell diesem Thema als Präventions-, Prozess- und Reputationsmanagementsystem annehmen.

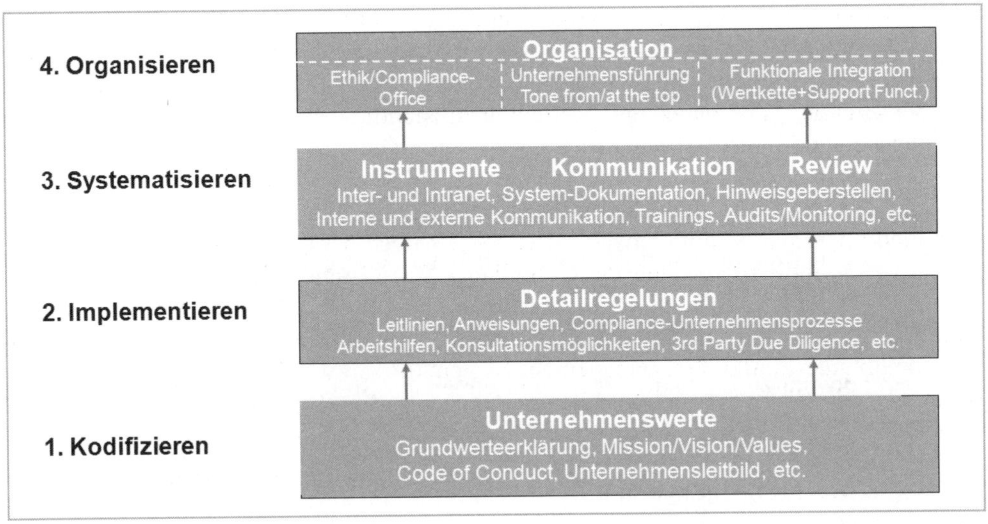

Abb. 40: Vier-Stufen-Modell des Compliance- und Wertemanagements[75]

Das obige Vier-Stufen-Modell ist eine in der Praxis oftmals angewandte Konzeptions- und Implementierungsform zur Schaffung einer werteorientierten Compliance. Als ultimatives Ziel des Systems sollte nicht das umfassende Regelwerk und die vollumfassende Auditierbarkeit des Systems stehen, sondern vielmehr die Antizipation von Unternehmenswerten, Einstellungen und Erwartungen im täglichen Handeln. Als Praxisbeispiel für eine erfolgreiche Umsetzung des obigen Systems kann bspw. die Fraport AG angeführt werden.[76] Ebenso anzumerken sei, dass das System kein Treppensystem darstellt – d.h. dass auch einzelne Stufen prinzipiell parallel bearbeitet werden und nicht einzelne vollumfänglich bearbeitet sein müssen, bis die nächste angegangen wird. Die Ausführungen zu den jeweiligen Stufen sind nicht abschließend und müssen natürlich unternehmensspezifisch betrachtet, angepasst und ergänzt werden.

Prozessstufen eines wertebasierenden Compliance-Management-Systems[77]

Stufe 1 – Kodifizieren:

Die erste Stufe des wertebasierenden Compliance-Management-Systems stellt die grundlegende Kodifizierung der Unternehmenswerte in einem Leitbild oder Mission Statement dar. In dem Dokument werden die ethischen Verhaltensprinzipien oder auch elementare Grundeinstellungen zu den Unternehmenswerten und der zwingenden Umsetzung im Unternehmen getroffen. Aus Compliance- und Wertegesichtspunkten sind in diesem Value Statement Aussagen zur Wertekonformität und der Einstellung zwingend notwendig. Ebenso sind nicht vereinbare Prinzipien und Geschäfte anzuführen. Die Grundwerte sollten einfache und klare Statements darstellen und allgemeingültig in der

75 Vgl. *Wieland* (2009), S. 22.
76 Vgl. *von Stockert* (2009), S. 3.
77 Vgl. im Folgenden *Grüninger* (2009), S. 60 ff.

Gesamtgesellschaft sein. Ebenso sind die Grundwerte ein Fundament in der Zusammenarbeit mit weiteren Stakeholdern – sie bilden also ein Kommunikationsinstrument zu Externen.

Stufe 2 – Implementieren:

Im Rahmen der zweiten Stufe gilt es, das Rahmenwerk der Grundwerte in die organisatorische Aufbau- und Ablauforganisation des Unternehmens zu verankern. Im Wesentlichen werden hier Rahmenprinzipien in Form von Regeln und Richtlinien –in Bezugnahme auf die Unternehmenswerte – entwickelt bzw. konkretisiert, aber auch mit praktischen Arbeitshilfen, Erläuterungen etc. hinterlegt. Dies führt insb. dazu, dass Compliance-Management sich nicht zu einem „Geschäftsverhinderer“ entwickelt, sondern integrativ die Unternehmensprozesse mit risikominimierenden, aber auch pragmatischen Lösungen unterstützt. Ebenso werden im Rahmen der Stufe 2 einzelne Prozesselemente zur Risikoprävention adjustiert (bspw. Integrity Assessments auf Geschäftspartnerebene sowie im HR-Prozess, Schaffung von Integritätsklauseln in Arbeits- und Geschäftspartnerverträgen, Überarbeitung von wertebasierten Vergütungsinstrumenten etc.).

Stufe 3 – Systematisieren:

Im Bereich „Systematisieren“ werden aufbau- und ablauforganisatorische Maßnahmen durch präventive und detektive Rahmenelemente auf kontinuierlicher Basis unterstützt:

- Instrumente:
  Wertekonforme Instrumente können bspw. eine Inter- und Intranetplattform darstellen, die wesentliche Dokumente (zielgruppenspezifisch) aufarbeiten und grundlegende Fragen im Bereich Compliance und Werte pragmatisch erörtern. Des Weiteren kann auf die direkten Verantwortungsträger eingegangen werden.
  Ebenso ist an dieser Stelle eine umfassende Systembeschreibung (CMS-Beschreibung) als Rahmenwerk für eine kontinuierliche Entwicklung und Bearbeitung des Systems abzubilden (diese macht ein solches System auch messbar).
- Kommunikation:
  Die Kommunikation von Compliance, Ethik und Werte ist in interne und externe Kommunikation zu klassifizieren:
  - Interne Kommunikation:
    Die interne Kommunikation ist essentielles Element der nachhaltigen Implementierung von Compliance- und Wertemanagement. Hier sollte der Compliance-Beauftragte einen dezidierten Kommunikationsplan erstellen, der die unterschiedlichen Kanäle der effektiven internen Unternehmenskommunikation berücksichtigt (bspw. Mitarbeiterzeitung, E-Mail-Kommunikation, Sitzungen und interne Veranstaltungen). Hierbei sollte stets auf ein ausgewogenes Mittel der Häufigkeit geachtet werden. Ebenso sollten die Themenschwerpunkte gezielt gewählt und die Kommunikation einfach gehalten werden. Im Weiteren ist in diesem Feld die Trainingsplanung und -durchführung zu berücksichtigen.
  - Externe Kommunikation:
    Auch die externe Kommunikation zu der Thematik steigert die Wahrnehmung und Relevanz von Compliance und Ethik. Eine klare Kommunikation der eigenen Erwartungshaltung zu compliancekonformen Verhalten an die Geschäftspartner

stellt ein risikominimierendes Instrument dar (Wichtigkeit des Themas durch externe Kommunikation). Auch in der externen Kommunikation sollte evaluiert werden, inwieweit Externe an Compliance-Trainings teilnehmen sollten.

- Gesamtkommunikation:
  Das Hinweisgebersystem sollte im Rahmen der Gesamtkommunikation sowohl internen als auch externen Stakeholdern ermöglicht werden. Für die Konzeption und Implementierung des langfristigen Systems ist eine umfassende Planung verschiedener Meldekanäle notwendig. Des Weiteren ist der Erfolg eines solchen Portals insb. von der internen und externen Kommunikation abhängig.[78]

- Review:
  Zur nachhaltigen Umsetzung des Systems sind Kontrollen unabdingbar. Nur aus diesen Elementen lässt sich auch die Effektivität einzelner Aktivitäten nachweislich überprüfen. Dies hat zu Folge, dass eine direkte Reflektion über die Aktivitäten möglich ist.
  Im Rahmen des Review-Elementes werden risikominimierende Prozesskontrollen implementiert und auf Wirksamkeit hin betrachtet. Durch ein Continuous Control Monitoring sowie Supervision-Aktivitäten zum Gesamtsystem wird auf identifizierte Mängel reagiert und mitigierend eingegriffen. Durch Compliance-Audits lassen sich sowohl interne als auch externe[79] Instanzen vollumfassend im Hinblick auf Regelkonformität überprüfen. Die Berichterstattung solcher Compliance Audits sollte auch an den Compliance-Verantwortlichen in Geschäftsführung/Vorstand erfolgen.

Stufe 4 – Organisieren:
Die vierte Stufe des wertebasierenden Compliance-Management-Systems bildet den organisatorischen Verantwortungsrahmen zur Umsetzung des Systems in der Gesellschaft. Neben der Benennung der Compliance-Verantwortlichen sowie den Projektmitgliedern zur Bearbeitung der Thematik geht die Stufe insb. auf die Verantwortung der Unternehmensführung und Überwachung ein. Durch den „Tone from/at the Top" werden die Grundprinzipien aller Stufen effektiv in die Unternehmensorganisation kommuniziert und vorgelebt.

Hierneben bieten sich Compliance-Committees[80] als kontinuierliches Steuerungsinstrumentarium zur Konsultation, Weiterentwicklung und kritischen Review des wertebasierten Compliance-Managements an. In diesen Committees kann insb. die funktionale

---

78 Zur Veranschaulichung der externen Kommunikation eines Hinweisgebersystems siehe das Beispiel der Robert Bosch GmbH unter: http://www.bosch.de/de/de/sustainability_innovation_1/compliance_1/faq_1/faq.html.

79 Für die Durchsetzung von externen „Audit Rights" sind notwendigerweise Vertragsklauseln notwendig. Auf Basis dieser kann dann die Einhaltung von Grundwerten – insb. bei spezifischen Projektgeschäften – sichergestellt werden. Die Durchführung einer solchen Prüfung kann durch die Interne Revision, aber auch durch eine unabhängige Instanz (Wirtschaftsprüfer, Anwälte etc.) durchgeführt werden. Letzteres hat den Vorteil, dass auf Basis der berufsrechtlichen Verschwiegenheit die Vertragsparteien ein größeres Vertrauen bei der Informationsgewinnung und Auswertung erhalten und die Aussagequalität gesteigert wird.

80 Das Compliance-Committee ist ein in der Praxis weit verbreitetes Instrumentarium, welches den Compliance-Verantwortlichen in seiner Tätigkeit unterstützt. Den Vorsitz und Hauptverantwortung sollte stets der Compliance-Verantwortliche wahren. Das Committee sollte aus wesentlichen Füh-

Integration der Risikoträger (bspw. Einkauf, Vertrieb, HR) konkretisiert werden und die direkte Einbindung erfolgen.

Auf Basis des Prozessstufenmodells nach *Wieland/Grüninger* lässt sich ein effektives Compliance- und Wertemanagement-System systematisch planen und implementieren.

8.2. Nachhaltiges Compliance-Management

Die Vision, dass mit der Installation eines Compliance-Verantwortlichen und eines Systems alle wesentlichen Compliance-Risiken minimiert sind, ist leider nicht begründet. Vielmehr bedeutet nachhaltiges Compliance-Management ein kontinuierlicher strategischer und operativer Verbesserungsprozess in der Gesamtorganisation. Auf Basis der kontinuierlichen Veränderung um die Wertschöpfungskette muss sich auch Compliance- und Wertemanagement kontinuierlich anpassen und verändern.

Für das nachhaltige Compliance-Management sind insb. Faktoren wie veränderte Geschäftstätigkeit, Branchen und Märkte (und darauf basierend angepasste Risikolandkarten), regulative Veränderungen durch Gesetze, Normen und Standards, aber auch interne personelle, organisatorische oder prozessuale Elemente zu berücksichtigen. Hierneben sollte auch Compliance strategische Überlegungen durchführen und auf Basis eines Mittel- und Langfristplan die Entwicklung aller Compliance- und Wertemanagement-Aktivitäten kritisch reflektieren sowie kontinuierlich weiterplanen.

---

rungskräften aus Compliance-nahen Support Functions (Interne Revision, Recht etc.) sowie Risikoträgern (Vertrieb, Einkauf, HR etc.) bestehen. Im Committee selber sollte auf regelmäßiger Basis der Status des Compliance-Systems evaluiert werden sowie die strategische Planung und Umsetzung erfolgen. Ebenso ist ein continuous case management (Begleitung von zu untersuchenden Verdachtsmomenten), Ad-hoc-Case-Management (Entscheidung von einzuleitenden Untersuchungsmaßnahmen) sowie dem Consequence Management (Sanktionierung) dem Committee zuzuordnen.

Literaturverzeichnis

Association of Certified Fraud Examiner (ACFE), Report to the nations on occupational fraud and abuse – 2012 Global Fraud Study, ACFE, 2012

Baetge, Jörg/Melcher, Thorsten/Schmidt, Matthias, Die Bedeutung der Unternehmenskultur für die Fraud-Prävention, in: *Grundmann, Stefan/Haar, Brigitte/Merkt, Hanno/Pistor, Katharina/Mülbert, Peter O./Wellenhofer, Marina/Baum, Harald/von Hein, Jan/von Hippel, Thomas/Roth, Markus/Schweitzer, Heike* (Hrsg.), Unternehmen, Markt und Verantwortung, S. 357–372.

Barbist, Johannes/Ahammer, Michael (Hrsg), Compliance in der Unternehmenspraxis, Wien 2009.

Bickmann, Roland, Chance: Identität – Impulse für das Management von Komplexität, Heidelberg/Berlin 1999.

Cassin, Richard L., With Magyar in new Top 10, it's 90% Non-US, FCPAblog, http://www.fcpablog.com/blog/2011/12/29/with-magyar-in-new-top-ten-its-90-non-us.html, 29. Dezember 2011

Daimler AG, Verhaltensrichtlinie, http://www.daimler.com/Projects/c2c/channel/documents/1031143_Daimler_Verhaltensrichtlinie_de.pdf, Stand: 24. Juni 2012

Deutsche Telekom AG, Einhaltung der Verhaltensregeln, http://www.telekom.com/konzern/konzernprofil/code-of-conduct/10892, Abruf: 25. Juni 2012

Eifinger, Alexander, Zu den historischen Ursprängen von Compliance, CCZ 2/2012, S. 21 f.

Ernst & Young, Der UK Bribery Act 2010, HFI 0511, 2011

Ernst & Young, Der IDW PS 980- Standard zur Prüfung von Compliance-Management-Systemen, HFI 0511, 2011

GEA AG, Anti-Korruptions Richtlinie, http://www.gea.com/imperia/pb/Investor%20Relations/corporate%20Gov/2008_GEA_Anticor_Guide_D.pdf, 2007, Stand: 4. April 2012

Görling, Helmut/Inderst, Cornelia/Bannenberg, Britta, Compliance – Aufbau-Management-Risikobereiche, 2010

Grüninger, Stephan, Wertorientiertes Compliance-Management, Seite 39-79; in: *Wieland, Josef/Steinmeyer, Roland/Grüninger, Stephan*, Handbuch Compliance-Management, 2009, S. 39–79

Hauschka, Christoph E., Corporate Compliance – Handbuch der Haftungsvermeidung im Unternehmen, 2010

Institut der Wirtschaftsprüfer in Deutschland e.V. (IDW), IDW Prüfungsstandard: Grundsätze ordnungsmäßiger Prüfung von Compliance Management Systemen (IDW PS 980), Stand: 11. März 2011

Kleinfeld, Annette/Müller-Störr, Clemens, Die Rolle der internen Kommunikation und der interaktiver Schulung für ein effektives Compliance-Management, in: Wieland, Josef/Steinmeyer, Roland/Grüninger, Stephan, Handbuch Compliance-Management, 2009, S. 395–414

Lewisch, Peter (Hrsg), Zauberwort Compliance, Wien 2012

Lies, Jan, Handbuch Public Relations, Stuttgart 2008

Ministry of Justice UK, The Bribery Act 2010 – Guidance about procedures which relevant commercial organizations can put in place to prevent persons associated with them from bribing, www.justice.gov.uk/guidance/bribery.htm(2011)

Open Compliance and Ethics Group (OCEG)/Ernst & Young (2007a), How Do I Obtrain Reasonable Assurance On my Anti-Corruption Program?, http://www.oceg.org/system/files/oceg-anti-corruption-certification-program-illustration-full.png, Abruf: 24. Juli 2012

Open Compliance and Ethics Group (OCEG)/Ernst & Young (2007b),How Do I Assess Risk?, http://ebookbrowse.com/303-how-do-i-assess-risk-flowchart-oceg-pdf-d2556 53967, Abruf: 20. Juni 2012

Open Compliance and Ethics Group (OCEG)/Ernst & Young (2012), Anti-Corruption Illustrated – Visualizing an Effective Capability,http://www.ey.com/Publication/vwLUAssets/Anti_Corruption/$FILE/Anti-Corruption-ebook-final.pdf, Abruf: 22. Juli 2012 (2012)

Petsche, Alexander/Mair, Karin (Hrsg), Handbuch Compliance, Wien 2010

Pohlmann, Andreas, Siemens Compliance Program – A Change Management Process, Präsentation: DSW's Sixth International Investors' Conference, 2. Dezember 2008, http://www.dsw-info.de/uploads/media/Compliance_at_Siemens_A_Change_Management_Process.pdf, Abruf: 6. Juni 2012

Schweikert, Christine/Grüninger, Stephan, Anreizsysteme als Element des Anti-Fraud-Management in mittelständischen Unternehmen, Zeitschrift für Corporate Governance (ZCG), Ausgabe 2/2012, S. 82–87.

Standards Australia, Compliance Programs – originated as AS3806-2006, Standards Australia, 2006

Transparency International Deutschland e.V., Deutscher Corporate Governance Kodex – Definition und Regelung von Compliance,http://www.transparency.de/Deutscher-Corporate-Governance.1073.0.html, Stand: 15. August 2007

United States Sentencing Commission, US Federal Sentencing Guidelines Manual – Chapter 8b – Remedying harm from criminal conduct, and effective compliance and ethics program, http://www.ussc.gov/Guidelines/2011_guidelines/Manual_HTML/8b2_1.htm, 1. November 2011

Von Oertzen, Andreas/Hoffmann, Bruno/Oppitz, Susanne, Mit eLearning-Komponenten Compliance im Unternehmen erfolgreich umsetzen, in: *Wieland, Josef/Steinmeyer, Roland/Grüninger, Stephan*, Handbuch Compliance-Management, 2009, S. 415–436

Von Stockert, Clemens, WerteManagement in der Lieferantenbeziehung – soll das auditiert werden?, Fraport AG, 3. Roundtable Compliance Frankfurt a.M., 29. September 2009, http://www.compliance-plattform.de/file_download/39/ RTCOM_von Stockert.pdf, Abruf: 24. Juli 2012

Weissmann, Jordan, The Corruption Law That Scares the Bejesus Out of Corporate America, The Atlantic Journal, http://www.theatlantic.com/business/archive/2012/04/the-corruption-law-that-scares-the-bejesus-out-of-corporate-america/256314/, Abruf: 25. Juli 2012

Wieland, Josef, Compliance-Management als Corporate Governance – konzeptionelle Grundlagen und Erfolgsfaktoren, in: *Wieland, Josef/Steinmeyer, Roland/Grüninger, Stephan*, Handbuch Compliance-Management, 2009, S. 15–38

Stichwortverzeichnis

R

S

T

U

W